改变世界的科学

THE SCIENCE
THAT CHANGED THE WORLD

数学

物理学

化学

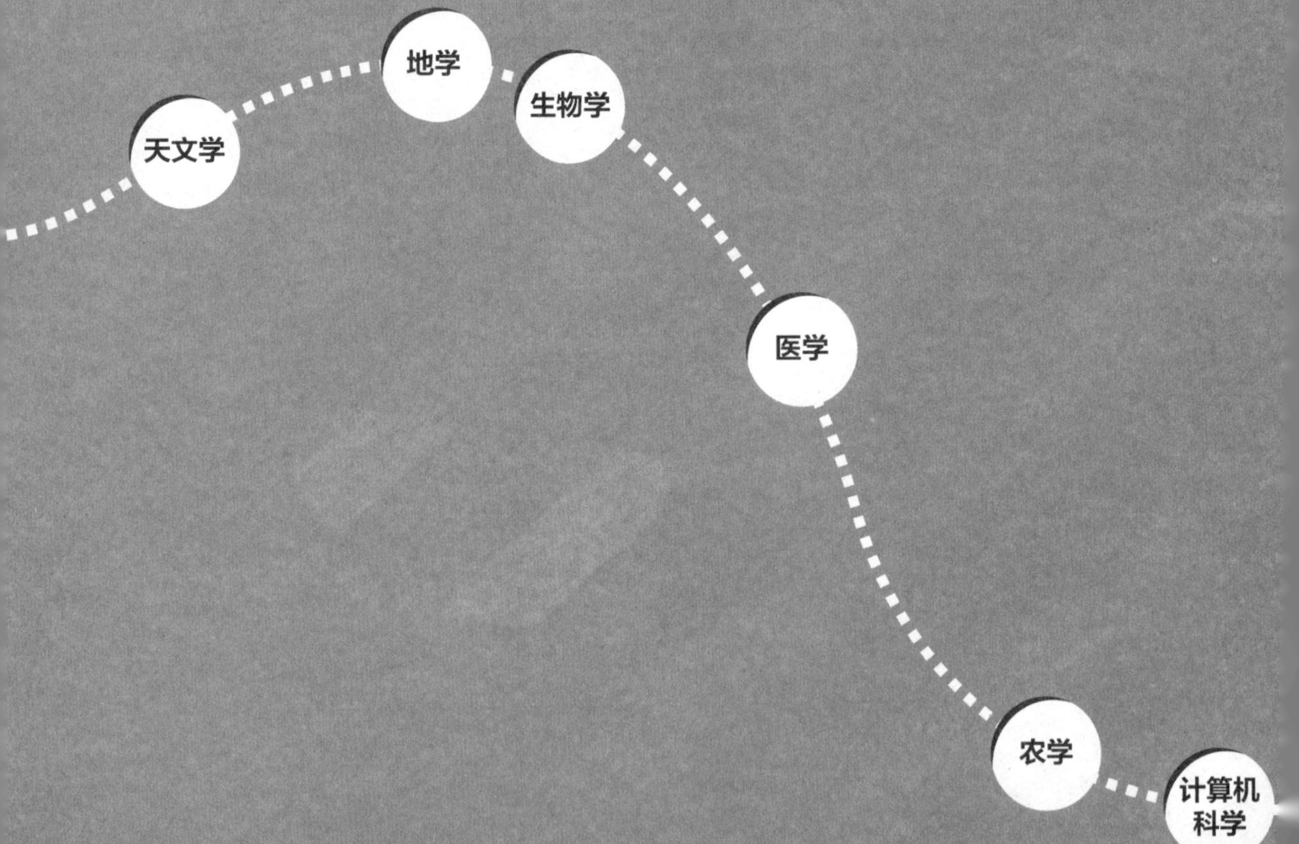

天文学

地学

生物学

医学

农学

计算机
科学

上海出版资金项目
Shanghai Publishing Funds

王 元 主编

改变世界的科学

地学的足迹

徐士进 周立旻 沈 岩 傅 强 · 著

上海科技教育出版社

图书在版编目(CIP)数据

地学的足迹/徐士进等著.—上海:上海科技教育出版
社,2015.11(2022.6重印)
(改变世界的科学/王元主编)
ISBN 978-7-5428-6215-0

Ⅰ.①地… Ⅱ.①徐… Ⅲ.①地球科学—青少年读
物 Ⅳ.①P-49

中国版本图书馆CIP数据核字(2015)第075727号

责任编辑 张嘉穗 冯 冲
装帧设计 杨 静 汪 彦
绘 图 黑牛工作室 吴杨嬗

改变世界的科学
地学的足迹
丛书主编 王 元
本册作者 徐士进 周立旻 沈 岩 傅 强

出版发行 上海科技教育出版社有限公司
(上海市闵行区号景路159弄A座8楼 邮政编码201101)
网 址 www.sste.com www.ewen.co
经 销 各地新华书店
印 刷 天津旭丰源印刷有限公司
开 本 787×1092 1/16
印 张 14
版 次 2015年11月第1版
印 次 2022年6月第3次印刷
书 号 ISBN 978-7-5428-6215-0/N·944
定 价 69.80元

"改变世界的科学"丛书编撰委员会

主　编

王　元　中国科学院数学与系统科学研究院

副主编　（以汉语拼音为序）

凌　玲　上海科技教育出版社

王世平　上海科技教育出版社

委　员　（以汉语拼音为序）

卞毓麟　上海科技教育出版社

陈运泰　中国地震局地球物理研究所

邓小丽　上海师范大学化学系

胡亚东　中国科学院化学研究所

李　难　华东师范大学生命科学学院

李文林　中国科学院数学与系统科学研究院

陆继宗　上海师范大学物理系

汪品先　同济大学海洋地质与地球物理系

王恒山　上海理工大学管理学院

王思明　南京农业大学中华农业文明研究院

徐士进　南京大学地球科学与工程学院

徐泽林　东华大学人文学院

杨雄里　复旦大学神经生物学研究所

姚子鹏　复旦大学化学系

张大庆　北京大学医学史研究中心

郑志鹏　中国科学院高能物理研究所

钟　扬　复旦大学生命科学学院

周龙骧　中国科学院数学与系统科学研究院

邹振隆　中国科学院国家天文台

从 20 000 年前的古老陶片到 20 世纪末的神奇碳纳米管，

从 5000 年前美索不达米亚的早期天文观测到 21 世纪的星际探索，

从 3000 年前记录的动植物学知识到 2000 年人类基因组草图完成，

……

一项项意义深远的科学发现，

就像人类留下的一个个深深的足迹。

当我们串起这些足迹时，

科学发现过程的精彩奇妙，

科学探索征途的蜿蜒壮丽，

将一览无余地呈现在我们面前！

1863年

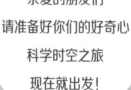

13世纪后期

约公元前18 000年

约公元前3世纪

亲爱的朋友们
请准备好你们的好奇心
科学时空之旅
现在就出发！

2000年

1026年

约公元前90年

目 录

张衡地动仪

公元前6世纪
色诺芬尼开启对化石成因的科学认识

化石是保存在地层中的远古时期生物留下的遗体或遗迹，常见的有动物骸骨和贝壳等的化石。化石的英语单词为fossil，来源于拉丁语fossilis，意为"挖掘"或"由土里挖出的东西"，而按照中文字面可以理解为"变为石头的生物"。

山东诸城恐龙博物馆原地保存的恐龙化石①

虽然在日常生活中，化石并非常见之物，但在博物馆、学校以及书籍、电视和电影中，却可以经常见到它们的身影或有关它们的描述。如今我们对于化石的认识已经相当深刻，这得益于一代代科学家的努力研究和探索。纵观历史，化石对人类认识地球发展历史有着重要的影响和深远的意义。

在古代，人类在采矿、掘煤、冶炼金属等生产活动中会接触到各种各样的化石，但由于认知水平有限，对关于化石的很多自然现象一直感到十分困惑。其中我们较熟悉的一个例子就是，人们

色诺芬尼的雕像②

一直不知道为何生活在海洋中的鱼类和带贝壳类动物的化石，竟然会出现在高山之巅。

古希腊哲学家、诗人色诺芬尼是已知最早对化石进行描述的人，并且他还准确地推测出化石是古生物在经历了漫长的地质演变之后留下来的生物遗迹。他在意大利西西里岛的采石场发现了鱼的化石，又在地中海中部的马耳他岛发现了海生软体动物的化石。根据这些发现，他提出"山脉曾经位于大海中，地球在历史上曾多次交替性地出现世界性大洪水和干涸环境"。当时能有这样的认识是一件十分了不起的事，要知道生活年代比色诺芬尼晚的大哲学家亚里士多德竟然还认为鱼化石是古代的鱼游入岩石裂缝中被卡住后变成的。

现今人们对色诺芬尼的生平事迹了解不多，仅有的资料显示，他大约于公元前565年出生在科洛封（即今土耳其伊兹密尔），约公元前473年去世。他的一生是漂泊的一生，差不多有70年在过着流浪的生活。

色诺芬尼的观点在中世纪的欧洲被认为是离经叛道的。那时基督教在思想界占统治地位，根据《圣经》的记载，从上帝创造世界到当时，只有区区数千年，不足以为地质演变提供足够长的时间。而且，由于许多化石与现实中的生物都大不一样，因此，中世纪时期的人们普遍认为化石与生物体没有任何关系。

色诺芬尼之后，对正确认识化石起到巨大推动作用的是欧洲文艺复兴时期的意大利著名艺术家达·芬奇。达·芬奇注意到亚平宁山脉中的贝壳化石的轮廓与现生软体动物非常相似，因此提出它们应该是古代海生生物的遗骸。由于这

满地的腕足动物化石见证了沧海桑田的变迁◎

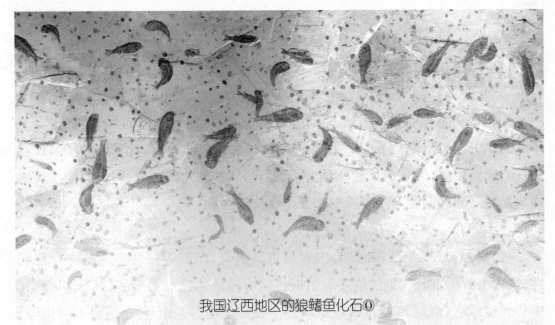

我国辽西地区的狼鳍鱼化石①

些化石发现于山上，他断定地球的表面是在一直运动的。他对化石和地壳运动作出了最早的科学的解释。

　　欧洲之外，我国古籍中也有很多关于化石的记载。如春秋时代的计然和三国时代的吴普，都曾提到山西省产"龙骨"，其为古代脊椎动物的骨骼和牙齿化石；《山海经》中也有"石鱼"（即鱼化石）的记述；南北朝时期的名医陶弘景，有对琥珀中古昆虫的记述。而对化石认识最深的应数颜真卿和沈括了。

　　颜真卿是唐朝著名的政治家和书法家。唐代宗大历六年（公元771年），颜真卿任抚州（位于今江西省）刺史，有一次，他在南城县麻姑山的一座古坛附近，看到一些螺蚌壳化石夹在地层中。后来他在《麻姑山仙坛记》一文中这样写道，"东北有石崇观，高石中犹有螺蚌壳，或以为桑田所变"，意即这些螺蚌壳原本是水中的动物，经过沧海桑田的变迁才出现在高山岩石之中。在1000多年前能发现这一现象，并从地质学意义上对化石的成因作出大胆猜想，可真不是件易事。

　　北宋著名科学家、政治家沈括，在他的《梦溪笔谈》中对化石也有多处记载。他明确指出，化石是古代动物和植物的遗体、遗物或遗迹所形成的，因此根据化石可以推断其所属生物生存时期的自然环境。

　　宋代的杜绾对化石的认识也达到了相当高的水平，他在《云林石谱》中不仅记载了硅化木、鱼化石和石燕（一种腕足动物）化石，而且阐明了鱼化石的成因，并亲自通过实验澄清了当时人们对于传说中石燕会飞的错误认识。这些观点在人类对化石的认知历史上占有重要的地位。

公元前5世纪
《山海经》问世

中国历史从旧石器时代末期到公元前2100年的新石器时代，经历了五六千年之久，这一期间又分为史前时代、传说时代和文明时代。《山海经》作为传说时代的史迹记载，见于司马迁《史记》所载五帝时代这一段历史，时间相当于黄河流域新石器时代仰韶文化中晚期和龙山文化早中期。

《山海经》成书于战国时期，内容虽古奥离奇，但其神秘性中又蕴含有现实性，可为了解上古时代提供许多原始资料。《山海经》全书3万余字，共分18篇，其中《山经》5篇，《海经》9篇，《大荒经》4篇。就地学而言，《山经》价值最大。《山经》共记述400多座山，依山脉走向分为26列，分别介绍山名、水系、动植物、矿产等内容。据考证，《山经》所述区域不仅包括当时中国大部分地区，还包括当今东亚、中亚的部分国家和地区。据统计，《山经》中共记载植物158种，动物277种，矿物12类92种。在《山经》中，矿物被分为金、玉、土、石四大类，这也是世界上最早的矿物分类体系。此外，《山经》中还提及液态矿物——盐和气体矿物——天然气，这些都反映了远古人类对自然界的认识和生产实践，丰富了我国科技史的内容。

《山海经》对上古时代的人物往往将之神化，人兽鸟合体、人鱼或人蛇连体比比皆是，形象诡秘。书中赋予历史人物，如黄帝、炎帝、颛顼（Zhuān Xū）、喾（Kù）、尧、舜等以神的形象，这是上古原始社会人类对自然界的一种"物我混同"认知，从而产生了"神"的概念。《山海经》所记载的动植物也是千奇百怪，人们将幻想中的动植物与人体结合，同样反映了一种"物我混同"的自然观。

《山海经》以志书的形式出现，内容博大，无论地质学家、历史地理学家、动植物学家、医药学家或气象学家，皆可从该书中找到本学科的原始印迹。因此，《山海经》对我国各门学科史的研究而言，都是重要的资料库。

《山海经》中记载的动物 ℗

公元前5世纪——前3世纪
中国古代找矿经验

今天,我们走进任何一家稍具规模的历史博物馆,或多或少都能看到一些古代青铜器文物(青铜是铜与锡或铅的合金,主要成分为铜)。夏、商、西周以及春秋战国时期,青铜器不仅是生活用品、祭祀用具,也是个人身份的标志,甚至是国家政权的象征。正因为如此,那个时代,中国人铸造了不计其数的青铜器。商代的后母戊鼎是迄今已发现的体量最大的青铜器,重达875千克。战国以后,青铜工具逐渐被铁质工具取代。兵器、农具都用铁制造,由于数量极大,需要消耗大量的铁。

青铜鼎ⓒ

无论铜还是铁,它们都来自于地壳中蕴藏的铜矿或铁矿。我们知道,金属元素在地壳中的分布是不均匀的,只有当它们在地表某一区域聚集在一起,而且达到一定数量时,才能成为矿。矿一般都深埋在地下,无法直接看到。我国是铜矿和铁矿资源相对贫乏的国家,我们的祖先是怎样找到这么多矿产资源的呢?

今天人们找矿有一系列专门的仪器帮忙,甚至可以使用天上的卫星,但古人没有这些条件,一般情况下他们只能凭借一些实践经验找矿。例如,中国古人很早就知道,有一种开蓝色或紫红色花朵的草本植物——铜草花,在它们大量出现、生长茂盛的地方,其附近可能就有铜矿。这是由于铜草花"偏好"铜离子,经常出现在含铜量较高的土壤环境中。这种寻矿方法十分简单,但仅限于寻找铜矿。

其实,智慧的中国古代先民已经在生产实践中积累了丰富的利用矿物学知识寻找矿产的经验,这可以从《管子》的《地数》篇的记述中找到蛛丝马迹。

《管子》以中国春秋时代政治家、思想家管仲命名,记录了管仲及管仲学派的言行事迹,大约成书于战国时期。春秋时期的齐国,正是借助管仲的辅政,迅速

湖北大冶铜绿山古铜矿发现的古代采矿巷道①

强盛起来,成为春秋五霸之一的。《管子》作为管仲学派的代表著作,其内容非常丰富,充分体现了管仲"富国强兵"的理念。

根据《地数》篇中的记载,古代利用矿物学知识找矿一般有两种方法。一种方法是利用矿物的风化产物找矿。我们知道,矿脉埋于地下,如果矿脉不太深,矿脉的上端就会出现在地表层面,甚至露出地面。位于地表层面的矿物,长期受地表空气和温度的影响,会发生氧化反应,形成风化矿。发现风化矿,就能找到它下面埋藏的原生矿。《地数》中提到"山上有赭者其下有铁",意思是:在山上发现了赭石,山包下面很可能就有原生铁矿。赭即赭石,成分为三氧化二铁,是黄铁矿(铁的硫化物)、菱铁矿(铁的碳酸盐)等铁矿物的风化产物。另一种方法是利用金属元素的共生关系找矿。一些金属元素的化学性质比较相近,成矿时,往往会聚集在一起,形成共生矿。如果找到其中一种金属矿物,附近就很可能存在与它共生的其他金属矿产。《地数》中提到"上有铅者其下有银",说的就是铅、银矿物的共生关系,找到铅矿,附近可能就有银矿。还有如"上有丹砂者下有黄金",丹砂就是矿物辰砂,化学成分为硫化汞,这里的"黄金"不是金,而是黄铜。黄铜和辰砂都是金属硫化物,经常共生,发现辰砂,附近便可能会有黄铜矿。

中国古代当然没有现代意义上的矿物学,但从以上叙述中我们可以知道,中国古人通过长期实践,的确掌握了一些朴素的矿物学知识。

公元前4世纪 — 前2世纪
中国的早期地图

一提到战国，人们马上就会想到秦、齐、楚、燕、韩、赵、魏这"战国七雄"。事实上，在战国历史上，还存在除"七雄"以外的其他一些国家，中山国就是其中之一。

中山国的创立者为北方戎狄中的鲜虞部落。戎狄是中原政权对北方游牧民族的称呼。先秦时期，由于北方地广人稀以及游牧民族的迁徙特性，北方华夏民族往往与戎狄族比邻而居，在中原腹地也会出现戎狄政权。鲜虞部落原先居住在今天陕北一带，后来逐渐向东迁徙至太行山区。春秋末年，他们在今天河北省唐县建立政权，因国中有山，故名中山国。战国中期，中山国迁都灵寿，即今天河北省平山县三汲乡。

来到燕赵大地后，受周边华夏民族的影响，鲜虞人逐渐开始营定居生活，君主去世后也会建造巨大的陵墓。1970年代，考古工作者在河北省平山县发掘了一座大型的中山国王陵。1983年，在陵墓遗址中出土了一幅镌刻在铜版上的地图。铜版长94厘米，宽48厘米，厚约1厘米，版面上用错金银装饰手法绘制出一幅陵园的平面布局图。古代君主的陵园称为"兆域"，所以这幅地图就被称为《兆域图》。兆域图上绘有城垣、宫门、夯土台、殿堂等建筑的形状和位置，每处建筑均标明尺寸。经与遗址比对，地图的比例尺约为1:500。据考证，这座王陵的主人是中山王厝，公元前310年前后去世，这幅《兆域图》也是中国已发现年代最早的地图。

兆域图 ℗

7

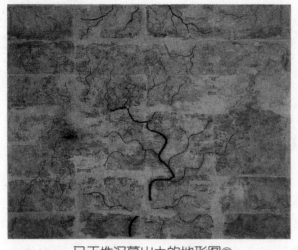

马王堆汉墓出土的地形图℗

另外几幅中国早期地图出土于湖南长沙马王堆汉墓。一提到马王堆汉墓，大家首先想到的可能就是尸身千年不腐的辛追夫人。马王堆汉墓共有三座墓葬，墓主人分别是西汉初年长沙国丞相轪（dài）侯利仓、利仓的妻子辛追和利仓的儿子。正是在利仓儿子的墓葬中，出土了汉代初年绘制的几幅地图。

秦朝灭亡后，秦军将领赵佗在今天岭南地区建立政权，史称"南越"。西汉王朝建立后，南越国时叛时降，是汉帝国南方最大的边患。长沙国是西汉初年分封的一个诸侯国，与南越国接壤，是抗击南越军队入侵的前线。

利仓儿子墓中出土的地图共有3幅，均绘制在丝织物上。后人根据绘制内容，分别称之为《地形图》《驻军图》和《城邑图》。《地形图》描绘的是南越国与长沙国的边界地区，大致相当于今天湖南、广东、广西三地交界处。《地形图》长、宽各96厘米，图上绘有30多条河道，分别标出名称。河道以曲线表示，干流粗、支流细，下游粗、上游细，与今天地图的水道表示方法基本相同。《地形图》中以闭合曲线表示山脉，用虚、实两种线条表示大道和小路，用方框和圆圈两种符号代表不同等级的居民点。地图按照上南下北、左东右西来表示方位，与今天的地图方位表示方法正好相反。《驻军图》高96厘米、宽78厘米，所绘区域为《地形图》东南部分，图中突出了要塞、驻军点、防区等信息，是世界上最早的一幅彩色军事地图。《城邑图》破损严重，残高约40厘米、宽45厘米，绘有城垣、城门、街道、宫殿等内容。

战国至西汉初年，造纸术尚未发明，地图只能绘制在铜版或丝绢上。东汉以后，才出现了纸质地图。

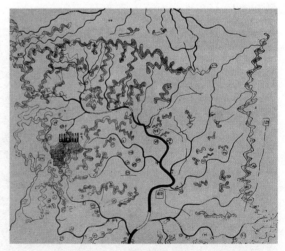

马王堆汉墓出土的地形图之描摹图℗

公元前4世纪 — 公元2世纪
古希腊的地理学

　　早在有文字记载的历史之前，人们在其居聚地及其附近范围内进行考察时，就能辨别出一个地方和另一个地方的差异。当有人试图将这些差异用一种形象表达给他人的时候，地理学便开始形成了。在西方世界，地理学作为一门学科，其创立者当属古希腊学者。在地理学发展最初的朦胧时期，科学研究的各个领域边界还很模糊，以至一个学者往往成为全面掌握各种知识的大师。当时几乎每一个希腊哲学家、历史学家，都可以被称为地理学者，如历史学者希罗多德就曾经撰写过地理学著作。

　　在伟大的古希腊哲学家（他们几乎都对地理学有所贡献）中，有两种地理研究的基本传统：数学传统和文学传统。数学传统始于泰勒斯、希帕库斯（他创立了用经度和纬度来确定位置的理论），而由建立地心说体系的托勒玫集其大成。文学传统始于荷马，而由斯特拉波集其大成。斯特拉波在完成了43卷的《历史》之后，还写过17卷《地理》。

　　古希腊地理学的一项伟大成就是对地球形状的认识。早在公元前6世纪，毕达哥拉斯学派就提出，地球是一个球体。虽然没有足够的证据，相比于平坦世界的观点，这一认识已非常具有革命性。公元前4世纪，亚里士多德观察到，月食发生时，月面上有一个弧形轮廓的阴影在移动，他认为那是地球的影子，进而推断出地球是个球体。尽管存在争论，地球是个球体的观点还是被许多学者接受了。但随之而来的一个问题是，这个球到底有多大？出人意料的是，2000多年前，另一位古希腊学者埃拉托色尼用一个简单的实验就解答了这个问题（见词条"公元前3世纪后期 埃拉托色尼精确丈量地球的形状和大小"）。也就是说，2000多年前的希腊人就已经知道了地球的形状和它的真实大小。

　　古希腊地理学的另一项伟大成就便

月食◎

9

托勒玫Ⓦ

是世界地图的绘制。公元2世纪,古希腊学者托勒玫用数学投影和标注经纬度的方法绘制了一系列世界地图。托勒玫以地心说模型闻名于世,但同时,他也是一位地理学家,编有《地理学指南》一书。在他之前,亚里士多德最早提出用气候带划分地球,喜帕恰斯进一步提出应在水平的气候带上增加垂直的分隔线,从而构成了最早的地球经纬度的概念。托勒玫发展了这一理论,将地球圆周划分为360份,作为经纬度坐标的确定依据。在《地理学指南》第2—7卷中,他列出了世界各地8000多个地点的经纬度坐标。

该书的第8卷收录了他绘制的一系列地图。由于数据和信息收集的谬误,托勒玫绘制的世界地图存在许多错误,地图各部分之间的比例关系也很不准确。但是,他是第一个在地图绘制中使用数学投影法的人。现在我们知道,不可能将球体表面展开成一个连续的二维平面,要想这样做,只能采用适当的变形方法,这种地图绘制技术称为投影。托勒玫时代,投影法的使用饱受非议,但今天,它已成为地图绘制的基本原则。

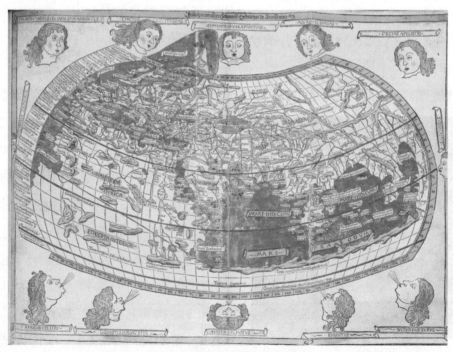

托勒玫绘制的世界地图Ⓦ

公元前3世纪后期
埃拉托色尼精确丈量地球的形状和大小

埃拉托色尼画像Ⓦ

地球是什么样子？这个问题和人类的宇宙观紧密联系在一起。与种种夸张的臆想不同，公元前4世纪，古希腊学者亚里士多德首先通过科学的观察，得出了正确的结论。身处北半球的亚里士多德根据由北向南行走的人看见天上的北极星的位置逐渐向北移动，由此推断大地为弧形。亚里士多德还根据月食发生时，月面上一个移动的弧形轮廓的阴影，推断出地球是个球体。

对于地球的形状，亚里士多德的判断只是建立在逻辑推理的基础之上，而直到16世纪麦哲伦船队完成环球航行，人类才用自己的足迹完成了证明地球形状的实验。

而关于地球这个"球"到底有多大的问题，则是由另一位古希腊学者埃拉托色尼解答的。

埃拉托色尼生活在埃及托勒密王朝时代，当时埃及有两座城市——亚历山大和塞恩，亚历山大位于埃及最北面尼罗河入海口的地中海沿岸，塞恩则位于埃及南

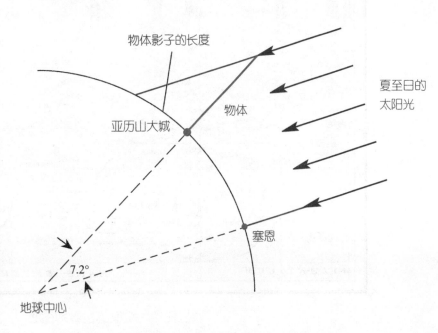

埃拉托色尼估测地球周长示意图Ⓢ

11

方。今天看来,这两座城市大致位于同一条经线上,且塞恩城位于北回归线附近。埃拉托色尼观察到,每年夏至(公历6月21日或6月22日)这一天正午,塞恩城的阳光直射地表,所有直立的物件都没有影子;而同一时刻在北方的亚历山大,阳光与地表垂直物之间却有一个7.2°的夹角。埃拉托色尼认为,照到地表的阳光是一组组平行线,由于地表是弧形的,阳光在塞恩城垂直于地面,而在亚历山大港,阳光与地面之间就会出现7.2°的夹角。塞恩城与亚历山大港的直线距离为800千米。利用相似角原理,就可以计算出地球的周长为40 000千米。

$$\frac{360}{7.2} \times 800 = 40\ 000(千米)$$

目前,人们实测获得的地球平均周长数据约40 042千米,埃拉托色尼的计算结果与其误差仅0.1%。

由于太阳距离地球非常遥远,照射到地表的阳光可以视为平行线,对于这一点,埃拉托色尼的假设没有问题。他将无限宇宙看作普通的三维空间,用一个影子、一件测量工具和初中程度的几何学知识,就毫无悬念地计算出地球的最大圆周长度。时至今日,埃拉托色尼的实验还是全世界中学数学课上的经典案例,它体现了科学实验简单而优雅的美。

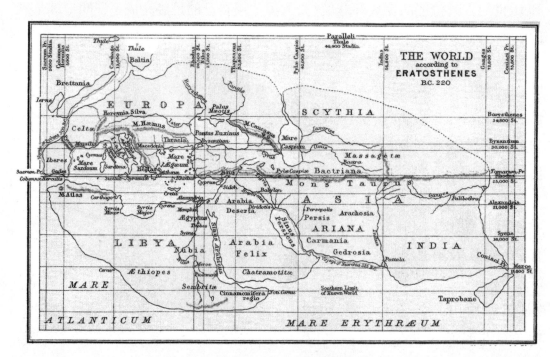

埃拉托色尼绘制的世界地图 ⓟ

公元前3世纪—公元19世纪
中国井盐开采与天然气利用史

盐是人类生存必不可少的物质。盐的摄入可保持人体内电解质的平衡,是生命得以延续的保障。自从人类告别茹毛饮血的时代,开始吃熟食以来,盐便是最重要的调味品。正因为如此,人们一直对盐的生产极为重视。很多时候,政府垄断盐业的生产和买卖,以完全控制盐这种战略物质,同时获取巨额的利润。

地表水体不断接触岩石矿物,溶解其中的盐分,然后将它们带入大海。进入大海的盐分没有去处,越积越多,形成咸的海水。海洋是自然界盐分的主要来源,从海水中提取的盐称为海盐。自然界中的湖泊,如果长期缺少外流通道,湖泊水中的盐分含量就会越来越高,最终成为盐湖。从盐湖水中提取的盐称为池盐。地球历史上,曾经出现过许多次沧海桑田的变化,古代

汉代画像砖上描绘的井盐开采情景©

海洋或盐湖的一部分可能因为地质变化而深埋地下,成为地下盐卤。从地下盐卤中提取的盐称为井盐。

海盐和池盐的生产工艺比较简单,只需将海水或湖水进行蒸发即可得到盐。井盐的生产工艺最为复杂,需要钻井才能将地下的盐卤取出。中国古代的海盐生产主要集中在东部沿海地区,池盐生产主要集中于今天山西南部地区,井盐生产多集中于今天四川地区。

战国后期,秦国吞并巴、蜀,设立蜀郡。公元前3世纪中叶,李冰担任秦国蜀郡郡守。李冰以主持建造都江堰水利工程闻名于世,但据《华阳国志》记载,李冰

担任郡守期间,还曾率领民众开凿盐井,生产井盐。中国有史料记载的井盐开采就从那个时代开始。

早期盐井都由人工挖掘形成,口径较大。井口越大,井壁便越容易坍塌,从而限制了盐井的深度。加之当时钻井技术的限制,无法击穿地下深处的岩石层,所以只能开采地表附近的盐卤。即便如此,早期盐井的规模仍然相当可观。据史料记载,最大的盐井口径100米,深达约267米。

北宋时期,井盐生产工艺出现革命性的变化,其标志就是"卓筒井"的出现。卓筒井是一种小口深井,井口只有碗口大小。井口小,井壁便不容易坍塌,钻井就可以打得很深。卓筒井还使用了专门的金属钻头,已能击穿地下深处的坚硬岩层。卓筒井的工艺流程主要有:①人工挖掘土层,直至地下岩层位置,放下一组石圈以保护井壁;②用石碓悬吊金属钻头,以舂捣方式逐渐击碎地下岩层中的岩石;③放入粗毛竹,进一步保护井壁;④最后放入细毛竹,汲取盐卤;⑤毛竹装满盐卤后,用绞车将细毛竹提出。

卓筒井出现后,小口深井技术不断进步。1835年,四川自贡燊(shēn)海井开凿成功,井深1001.4米,是世界上第一口深度超过千米的深井。

小口深井生产工艺示意图Ⓟ

盐卤要经过加热,使水分蒸发,才能得到固体的盐。这一过程在中国古代称为煮盐,煮盐需要消耗大量的燃料。井盐生产集中的四川地区也是我国主要的天然气产地,早在2000多年前,我们的祖先就已经开始利用天然气煮盐。

　　天然气是烷烃混合物,是一种可燃的气态化石能源。天然气藏于地下,不溶于水。《易经》中有"上火下泽""泽中有火"的记载,一般认为,这是天然气从沼泽中逸出自燃的现象。四川蕴藏有比较丰富的天然气,古人在开凿盐井时,也可能使地下的天然气逸出。当他们发现天然气能够作为燃料使用后,便有意识地开采天然气,用于煮盐。这种天然气井在古代称为火井。根据史料记载,中国人最迟在公元前1世纪就已开采和使用天然气,而欧洲人直到1659年才发现天然气,10年后才开始将天然气用作照明和烹饪的燃料。

井火煮盐工艺示意图⑪

　　四川地区的天然气开采一直持续到近代。19世纪中叶,自贡磨子井建成,日产天然气百万立方米,被称为"火井王"。由于史料缺失,磨子井的出气时间有1840年、1850年、1855年等多种说法。磨子井的深度为1000米左右(一说为1200米),初期日产量高达100万立方米,至1936年气竭停产时,累计生产天然气约19亿立方米。磨子井是中国古代产量最大的天然气井,在中国乃至世界天然气开采史上都具有重要的地位。

公元前139—前115年
张骞出使西域

　　西域是指河西走廊西端阳关、玉门关以西，今天帕米尔高原、巴尔喀什湖以东，以今天塔克拉玛干沙漠为中心的广大地区，大体相当于我国新疆维吾尔自治区和周边中亚的部分地区。这里气候干燥，但沿沙漠南北的绿洲地带分布着一系列城邦小国，是东西方贸易通道的重要交汇点。公元前2世纪后，西域作为一个特别行政区，受中原地区中央政府的直接控制。但在西汉初年，西域和河西走廊都属于北方游牧民族匈奴的势力范围。

　　匈奴是中国北方的一个游牧民族，秦汉之际逐渐强大。公元前200年，汉高祖刘邦平定北方叛乱时，在今天大同城外的白登山被匈奴大军围困七天七夜，最后以贿赂的手段才得以脱困。自那以后，汉政府都以"和亲"策略应对匈奴的威胁，这一局面维持了半个多世纪。

　　公元前140年，汉武帝即位后，不愿继续"和亲"政策，力图用武力手段消除匈奴的威胁。西汉初年，河西走廊西端曾经生活着一个名为大月氏的部族。后来，匈奴击败大月氏，将大月氏王的头颅做成酒杯。大月氏人无力抵抗，被迫远走西方。汉武帝听说这一事件后，便萌生了联合大月氏，共同打击匈奴的想法。

唐壁画《张骞出使西域》（莫高窟323窟）Ⓟ

但是,从汉朝西去大月氏国,必须通过匈奴的领地,此行九死一生。于是,汉武帝公开招募愿意出使西域的人。汉中人张骞当时在朝廷中担任郎官,闻知此事,慨然应募。

公元前139年,张骞受命率团从长安(今陕西省西安市)出使大月氏,出发不久,即被匈奴人俘获。张骞被匈奴人扣押10年之久,其间娶妻生子,但始终不忘使命。10年后,趁匈奴人放松监管的机会,张骞得以逃脱,到达大月氏国。但此时,大月氏人已在咸海附近的中亚草原生活,这里外寇稀少,土地肥沃,大月氏人已不再愿意返回故土与匈奴人作战。在西域逗留一年多后,张骞一行人在返回途中再次被匈奴俘获。所幸一年后,匈奴单于去世,匈奴国内大乱,张骞趁乱逃脱,于公元前126年回到长安。张骞出发时,使团共有百余人,13年后,只有张骞和堂邑父两人回到长安。公元前119年,张骞二度出使西域,于公元前115年返回,带来许多西域国家的使者。从此,汉朝与西域诸国建立了正式的联系。

张骞首次出使西域路线图⑤

仅就战略目标而言,张骞的外交使命并未取得成功,汉朝最终靠自己的力量击败了匈奴。但是,张骞的出使极大丰富了中国人的地理视野,同时帮助我国与西域诸国建立了密切的联系,为"丝绸之路"的开通奠定了基础。张骞的旅行前无古人,因深入未知之地而被称为"凿空之旅"。今天甘肃临洮是秦长城西端的终点,张骞之前,中国人的地理知识大多也尽于此。张骞的足迹远及中亚,大大增加了古代中国人对世界的了解,他带回的信息记载于《史记》和《汉书》,成为今天人们研究中亚和西域早期历史地理的重要文献资料。

公元1世纪
班固与《汉书·地理志》

"地理"这个学科名称很早就出现在中国古代典籍中。《周易·系辞上》曰:"仰以观于天文,俯以察于地理",这便是"地理"一词最早的出处。中国古代的学术研究普遍都具有很强的实用目的,地理也不例外。中国古代的地理学研究主要

关注地方的行政区划沿革以及各个地方的风貌物产信息,大致相当于今天地理学中人文地理分支的范畴,这些信息有助于政府对国家和地方的管理。记载这些信息的著作古代称为"方志","方"意为"地方","志"意为"记载",方志就是记载地方各种信息的地理书籍。方志的源头可以追溯到战国时期,公元1世纪著名史学家班固编撰的《汉书·地理志》可以说是方志的奠基之作。

班固Ⓨ

班固字孟坚,扶风安陵(今陕西咸阳东北)人,出身于一个儒学世家,其父班彪、伯父班嗣皆为东汉初年著名的学者。在父亲的影响下,班固9岁即能撰写文章、背诵诗赋,16岁入太学,博览群书,对于儒家经典及历史无不精通。

《史记》是我国第一部纪传体通史,但其所记史事只及西汉中期。此后,续作《史记》者甚多,班固的父亲班彪以为均不足取,于是亲自动手,斟酌前史,纠正得失,创作《后传》60余篇。然而未及成书,班彪就病故了。这时,班固年仅23岁,已具备颇高的文学修养和著述能力,他在为父服丧期间,整理《后传》,打算续成此书。那个时代,个人是不允许私修国史的,班固因此被人告发,关进京兆监狱,书稿也被官府抄没。班固的弟弟班超为了替兄长洗刷冤屈,策马扬鞭,穿华阴、过潼关,赶到洛阳上疏,引起汉明帝对这一案件的重视。汉明帝知道后,特下旨召见班超核实情况。班超将父兄两代人几十年修史的辛劳以及宣扬"汉德"的意向告诉了汉明帝,扶风郡守也将查抄的书稿送至京师。明帝读了书稿,对班固的才华感到惊异,称赞他所写的书稿确是一部奇作,于是下令立即释放,并将班固

召进京都皇家校书部,拜为兰台令史,掌管和校定皇家图书。

班固在任期间所显露出的卓越才华得到汉明帝的赏识。鉴于班固具有独力修撰汉史的宏愿,同时希望通过班固进一步宣扬"汉德",汉明帝特下诏让他继续完成所著史书。从此,班固有了稳定的生活和丰富的皇家图书资源,于是开始全身心地投入到创作《汉书》的事业中。

公元92年,班固去世,但此时,《汉书》仍有一部分没有完成。汉和帝便命其妹班昭续成其书,此后又以马融为助手,直至修成全书。

《汉书》记述了西汉和新莽时期共230年间的史事,是我国历史上第一部断代史史书。《汉书》创立的记、表、志、传体系以及志书的门类,绝大部分被后代史书继承。《地理志》是《汉书》的十志之一,也是中国古代正史中的第一部方志,它的体例结构确立了后世方志著作的基本框架。

《汉书·地理志》包括三部分。第一部分记录了先秦时期《禹贡》和《周礼·职方》的全文,第三部分记录了西汉学者刘向的著作《域分》及朱赣的著作《风俗》。第二部分篇幅最大,描述了西汉帝国的疆域,是《汉书·地理志》的精华。西汉时期实行郡、县两级的行政区划体系,《汉书·地理志》以西汉末年(公元2年)时

班昭铜像⊙

的103个郡(王国)及其所辖1587个县(邑、道、侯国)为目录,一一记述各类信息。郡和王国是一级行政区,郡国条目下,记载各郡国的名称、建置沿革和户口人数等信息。县、邑、道、侯国为郡国以下的二级行政区,在这些条目下,记载各地名称、建置沿革、山川、水利、特产、工矿、关塞、祠庙、古迹等信息。

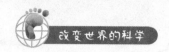

公元86年前后

王充提出潮汐成因的科学解释

如果你到过海边，一定会发现这样一种现象，一天中的不同时间，海滩的面积是在不断变化着的。这是为什么呢？

一般情况下，一天之内地面高度是不会有变化的，变的是海面的高度。而海面高度的变化呈现出某种周期性的涨落规律，这种现象被称为潮汐。潮汐对航运、渔业、能源开发等均有重要的意义，因此自古以来人们就渴望了解它的周期性变化规律以及相关的成因问题。

现代物理学、天文学的研究发现，潮汐的产生源自月亮和太阳引力的合力所产生的潮汐波。地球自转使潮汐波在全球范围传递，从而导致海面高度发生周期性的涨落；如果受到特殊地形的影响，则会形成一些壮观的潮汐现象，如在钱塘江口，由于地形快速变窄而形成的著名的钱塘潮。

在古代，人类的祖先们通过自己的观察和联想，对潮汐的成因进行记录和分析。唯心主义学者将潮汐变化与神怪联系到一起，如公元前3世纪前后印度的《大藏经》认为，潮水涨落是龙神变化所形成的现象，我国民间对钱塘潮的成因则流传有伍子胥冤魂驱水形成涌潮的迷信说法。

钱塘江涌潮①

而另一些先贤们则将视野投向更大的范围,将天文变化现象与潮汐联系到了一起。早在公元1世纪,我国东汉时期唯物主义思想家王充就已经认识到了天文和地形因子对潮汐的影响。王充是会稽上虞(今浙江上虞)人,小时候他的家紧邻钱塘江口,虽家境贫寒但学习极为出色的王充,经常到钱塘江边玩耍,好学、细心的他观察到每日海面都会发生周期性的变化,更无数次亲眼目睹了钱塘潮的壮观,由此对潮汐的变化和成因产生了极大的兴趣。长大后的王充博览百家,颇具求实精神的他喜好"辨析疑

王充⑤

异",尤其反对当时盛行的谶纬神学,并逐渐形成了朴素的唯物主义无神论思想,善于从自然过程的联系中寻找自然界运行与控制的因素。在涉及潮汐问题时,他将幼时观察到的每天涨落、每月潮位变化的潮汐和月亮的运动联系在一起,发现每当月亮经过头顶后的一个多时辰,海面会涨到最高,而满月时候的潮汐高度大于弦月的。因此他在《论衡·书虚》一篇中提出:"涛之起也,随月盛衰,大小满损不齐同"(潮汐的变化随着月相阴晴圆缺的变化而变化),阐述了潮水涨落同月亮盈亏的密切关系;同时也将幼时观察到的钱塘潮的形成与地形变化联系起来,

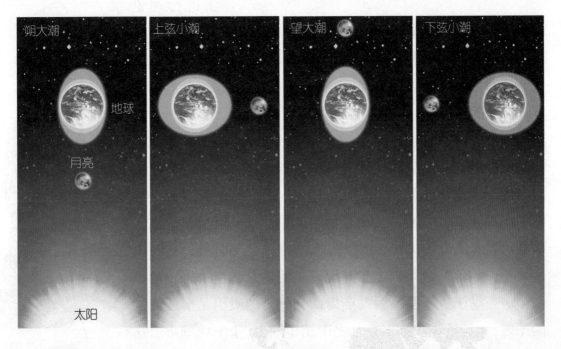

潮汐变化示意图©

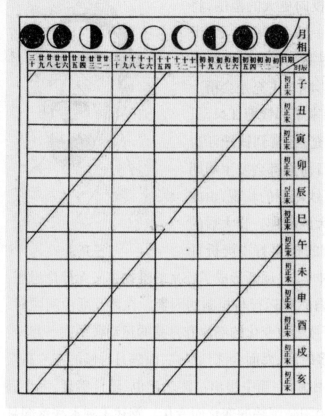

窦叔蒙编制的"涛时推算图"（复原图）℗

指出潮水"其发海中之时，漾驰而已；入三江之中，殆小浅狭，水激沸起，故腾为涛"，即涌潮现象的形成是因为河口海域地形变"浅狭"而引起的。王充等人把潮汐现象与天文过程、地形变化等自然因素联系起来的科学思想，为后世学者进一步开展潮汐成因、规律和预报研究指明了方向。

到了唐代，同样在海边长大的浙东人窦叔蒙在继承王充观点的基础上，提出"潮汐作涛，必符于月"的观点，并撰写了我国现存最早的潮汐学著作《海涛志》。在这部著作中，窦叔蒙利用中国古代天文历算方法进行理论

（天文）潮时推算，得出潮汐周期为12小时25分12秒；并用直角坐标法绘制了"涛时推算图"（如果知道当天月相，便可依图查出当日两次高潮的时辰）。这张潮汐图比现存欧洲最早的"伦敦桥涨潮时间表"（1213年）要早400多年。

到了北宋，龙图阁直学士燕肃进一步尝试揭开潮汐现象之谜，他利用在沿海州县做官的机会，在各地进行观察、实验，并对各地海潮进行分析、比较，历经10年，足迹遍及东南沿海，终于在乾兴元年（1022年）完成了著名的论著《海潮论》。他在文中指出，"日者众阳之母，阴生于阳，故潮附之于日也；月者，太阴之精，水者阴，故潮依之于月也。是故随日而应月……盈于朔望……虚于上下弦……"，燕肃认为日月的吸引是形成海潮的原因，并且进一步指出一月之中朔望潮大，上下弦潮小。这为后人的研究指明了正确的方向和打下了坚实的基础。

公元2世纪

张衡制造候风地动仪

今天我们都知道，地震是由于地层相对运动，导致应力积累并最终释放而产生的一种自然现象，是地球系统运动的一种表现形式。但是，古人并不知道这些，他们不知道地层会发生运动，便将突然发生的地震现象看得非常神秘，认为是天神意志的反映。

张衡⑤

汉代时，"天人感应"思想极为流行，认为上天与人间存在感应。宇宙由阴阳二气构成，人间的君主如果行为不当，就会导致宇宙阴阳失调，出现异常的天象、物兆或自然灾害，地震就属于这种异常现象。古人迫切希望掌握地震的更多信息，在当时一般通过身体感知和观察地面建筑、景物的破坏程度来研究地震。公元132年，张衡发明了记录地震的候风地动仪，从此人们对地震现象有了比较科学的监测手段。

张衡字平子，东汉南阳（今河南省南阳市）人。张衡出身名门望族，历任郎中、太史令、侍中、河间相等官职。虽然官居要职，但是张衡在历史上并不以政治人物著称，他在文学和科学上的贡献才是他永垂青史的真正原因。除了制造候风地动仪，张衡在天文学方面也取得了卓越的成就，是中国古代"浑天说"宇宙观的代表人物。张衡还是一位才华横溢的文学家，他创作的《二京赋》《思玄赋》《四愁诗》等作品在中国古代文学史上都有相当高的地位。

据《后汉书》记载，张衡的候风地动仪以铜制成，外形似一只大酒樽。内部中央有一根都柱，都柱通过机关与器物外壁上的八条龙相连。每条龙的龙口中均衔一枚铜丸，龙首下各有一只蟾蜍，张口承丸。地震时，受地震波震动，内部机关触发，龙首张开，铜丸落

一种张衡地动仪复原模型⑨

 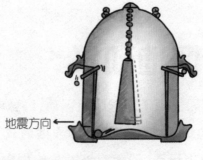

"悬垂摆"模型工作原理⑤

地震方向←

"直立杆"模型工作原理⑤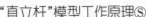

 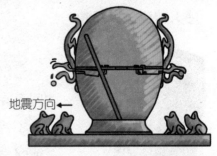

地震方向←

入蟾蜍口中。可根据落丸龙首的位置,确定地震方位。由于《后汉书》的记载并不详尽,加之张衡所造之器早已无存,千百年来,候风地动仪的内部结构及工作原理始终无人知晓。近几十年来,不断有人尝试复原候风地动仪,并已取得一定成果。"直立杆原理"和"悬垂摆原理"就是今人推测的两种地动仪可能的工作方式。

"直立杆"模型中,中心都柱是一根上粗下细的圆柱体,有八条通道通达八只龙首。控制龙口的机关分别卡在"八道"中部。地震发生后,受地震波推动,都柱倒向地震波方向。受都柱压迫,这一方向上的机关触发,杠杆转动,将龙口撬起,铜丸滑落。这种模型有一定缺陷:若都柱下端太粗,灵敏度不够;若都柱下端太细,灵敏度又会太高,而且尖端容易磨损。

"悬垂摆"模型中,都柱悬挂在地动仪内部中央,下方八条轨道汇聚成"米"字形。一只小球位于轨道汇聚点上,正好轻轻卡在都柱正下方。地震时,地动仪底座随地表轻微移动,悬挂的都柱因惯性作用保持不动,从而将小球拨向地震波方向。小球滑至轨道另一端,触碰竖杆,令龙口张开,珠落蟾口。这种复原模型工作稳定,可能更接近张衡地动仪的原貌。

候风地动仪是世界上第一架地震监测仪器。据《后汉书》记载,有一次铜丸落下,众人皆无震感,数日后传来消息,方知陇西发生地震,可见候风地动仪具有相当的灵敏度。

公元3世纪
裴秀提出地图绘制的"制图六体"

中国古代，地图虽然很早就已出现，但直到公元3世纪，才由地图学家裴秀提出一整套科学的制图原则。

裴秀，字季彦，河东闻喜（今山西省闻喜县）人。他出身于河东士族世家，从小就有名声。三国曹魏时期出仕，依附大将军曹爽。曹爽被杀后，裴秀投靠司马氏家族，是西晋政权建立的佐命功臣，位居尚书令、司空的高位。

司空是负责管理国家户籍、地图等资料的官员，因此裴秀在担任司空期间得以接触到不少前代地图。仔细研究后，裴秀发现这些地图与实际地域相比，只能说形状大致相似，准确度非常差，不能作为政府管理的依据。于是他绘制《禹贡地域图》18篇，作为晋代的国家地图。这一过程中，他总结出地图绘制的六项原则，后人称为"制图六体"。

"六体"中，一曰"分率"，用以反映地理对象面积、长宽的比例，相当于今天地图的比例尺；二曰"准望"，用以确定地貌、地物间的方位关系；三曰"道里"，用以确定地图上两地之间的距离；四曰"高下"，即地图对象间的相对高程；五曰"方邪"，即地面坡度起伏；六曰"迂直"，即道

裴秀⑤

路的弯曲情况。

"分率""准望"和"道里"也是现代地图制作中的三个基本要素，"高下""方邪"和"迂直"则是绘制地图时的误差校正处理手段。"制图六体"的出现，标志着中国传统地图学正式步入规范化的时代。直到明朝末年西方制图技术传入中国前，"制图六体"一直是中国古代地图绘制的理论基础。

公元6世纪

郦道元编撰《水经注》

中国古代方志一般都以当时的行政分区为目录进行编撰，但也有例外，有的方志便以自然山川为纲，6世纪初北魏地理学家郦道元编撰的《水经注》就是这样一本特殊的地理著作。

郦道元，字善长，北魏范阳郡涿（zhuó）县（今天河北省涿州市）人。郦道元出身于官宦家庭，成年后长期担任北魏中央和地方官吏。他自幼便对地理书籍和山川名胜极有兴趣，步入仕途后，利用为官的机会，对所到之处进行了详细的考察。这一过程中，郦道元深切感到，前人的地理著作要么体系不够周全，要么内容过于简略，大多不能令人满意。其中，《水经》这本书还算比较有条理，但又缺少很多解释和说明的内容。于是，郦道元决定为《水经》作注，这就是今天我们看到的《水经注》。历史上，还有东晋郭璞也曾为《水经》作注，但只有郦道元的注本流传至今。

《水经》大约成书于汉魏时期，是中国历史上第一部记载全国水系的地理专著。但书中仅记载水道137条，内容过于简略。郦道元的《水经注》共记载水道1252条，30余万字，内容近10倍于原文，实际上应该算是一部重新编撰的著作。《水经注》中，每条河流均记载发源地、流经地区、河道特征，以及沿岸植被、物产、交通、历史遗迹等信息，是一部综合性的地理著作。

这里，我们以郦道元家乡附近的圣水为例，认识《水经注》的科学价值。

圣水是北魏时期幽州境内的一条河流，距郦道元的家乡涿县很近，流经地主要位于今天北京市房山区和大兴区。由于千百年来河道变迁，这条河今天已经不存在了。《水

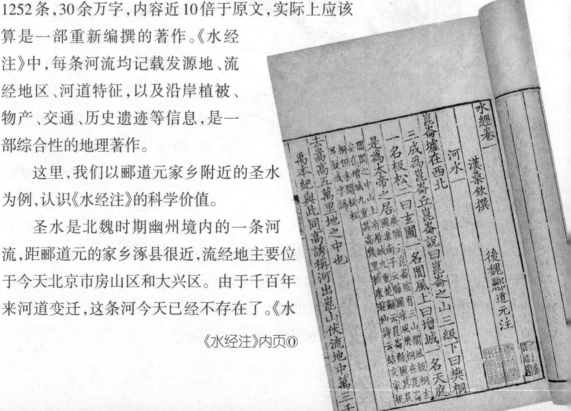

《水经注》内页❶

经》原文第一句"圣水出上谷",只有区区5个字,郦道元却用240个字对它进行了解释。

注文首先简要介绍了圣水发源地上谷郡的建置情况,然后用大量篇幅记载了河流流经地区的地质状况,如其中有这样一段文字:"山下有石穴,东北洞开,高广四五丈,入穴转更崇深,穴中有水。"文中还记述了一则故事,说曾有一个名为惠弥的僧人,举着火把入洞探险,走了3里远,发现洞穴一分为二,深不可测。今天北京房山区有一个世界地质公园,公园中的一处景点名为石花洞,是北方著名的溶洞。《水经注》中的这段记载指的是不是石花洞已不可考,但无疑是一处喀斯特景观。注文中还提到洞穴中生长着一种美味的白鱼,这实际上是洞穴中生活的盲鱼。盲鱼长期生活在没有光线的洞穴中,眼睛退化,身上的黑色素大量消失,身体呈半透明状。这段注文的最后还提到"其水伏流里余",这也是喀斯特地区常见的景观,有时河流会流入地下洞穴,好像从地表消失一般,称为地下河。

《水经注》的这段注文,对圣水流经地的喀斯特地貌进行了翔实生动的描述,其地学价值远非《水经》的5字原文可比。

郦道元故居前的雕像◎

公元8世纪
一行主持测量地球子午线长度

历法是推算年、月、日的时间长度及其相互关系,制订时间序列的法则。根据历法编制出来的历谱,在中国古代称为历书。中国自古就是一个农耕社会,农业生产受季候条件制约,可以想见历法在中国古代社会生活中的重要性。历法是人制订的,那么怎么衡量历法准不准呢?中国古代,一般用日食、月食等特殊天象事件来衡量历法的准确性。如果历书预报的日食、月食时间与实际日食、月食的发生时间不相符,证明历法不够准确,就要重新修订。唐开元九年(721年),因为当时使用的《麟德历》数次预报日食不准,于是唐玄宗下令由一行主持编撰新历。为获得更加准确的历法计算数据,一行组织了一次大规模的大地测量行动,在这次测量中,一行等人得到了比较准确的地球子午线长度数据。

一行雕塑ⓒ

一行,本名张遂,唐代邢州巨鹿(今河北邢台)人。他是唐初功臣张公谨的孙子,出身显赫。一行自幼聪颖,精于历象之学。武则天统治时期,一行为避祸,出家为僧。717年,一行被唐玄宗召至京师,724年奉命主持编撰《大衍历》,727年完成初稿后去世。

在724年的大地测量中,共设置了13个观测点,南起林邑(今越南中部),北抵铁勒(今俄罗斯贝加尔湖附近),跨越北纬17°至北纬51°的广阔地区。其中,滑州白马(今河南省滑县)、汴州浚仪(今河南省开封市西北)、许州扶沟(今河南省扶沟县)、豫州上蔡(今河南省上蔡县)这四个观测点的数据最为重要。这四个观测点的位置经过精心选择,经度在东经114.2°至114.5°之间,基本处于同一条经线(子午线)上。另外,这四个地点均位于平原地带,便于准确测量相对距离。

在这几个测量点,观测者分别测量了日晷表影(表即晷针,表影就是晷针的影子)的长度和它们的北极高度值(指观测点位置地表水平面与北极星之间的仰角数值,大致相当于今天的地表纬度值)。日晷是中国古代的一种测影计时工具。《周髀算经》中曾经提到,标杆八尺高的日晷,南北相距千里,杆影的长度相差1寸。此后1000多年,虽然不时有人怀疑这个结论的正确性,但都没有确凿的证据。这次测量发现,四地间最远距离(从白马到上蔡)为526唐里270步。(唐制1里为300步,1步为5尺,尺有大小之分。大尺12寸,长约30.6厘米;小尺10寸,长约24.5厘米。一行天文测量使用的是小尺。)正午杆影长度差2寸有余,从而以确凿的证据纠正了这个沿袭1000多年的错误。四个测量点之间的最远距离为526唐里270步,约等于193.8千米。四地之间最大北极高差,即纬度相差1.5°。因为这四个观测点基本位于同一条经线上,因此测得地球子午线1°的长度为129.2千米(比现代准确值大了约20%)。

一行主持的这次测量是世界上第一次对地球子午线的实际测量。814年,阿拉伯人在美索不达米亚平原进行了同样的测量。虽然阿拉伯人的数据更加准确,但时间上比一行的测量晚了近100年。

值得一提的是,唐代的这次测量虽然测出了子午线的弧长,但一行等人并没有明确的地球概念,他们已经走到了发现大地为球形的边缘,却未能再进一步。

日晷

公元9世纪
唐代的地图与地志

西晋时期,裴秀创立了中国古代地图的绘制规范"制图六体"。此后,由于国家长期分裂,这套制图规范一直没有受到重视,直到唐代后期贾耽绘制地图时,这一制图理论才得以进一步实践和发展。

贾耽是唐德宗时期的宰相,喜好研究地理。据《旧唐书》记载,凡是周边国家来访的使者或朝廷派遣到周边国家的使者,贾耽都会在其来访或回国复命时亲自接待,详细询问周边国家的山川地貌和风土人情,从而掌握了大量第一手的地理资料。

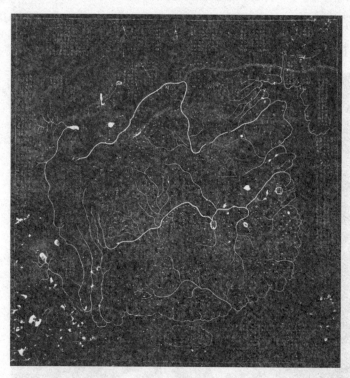

西安碑林石刻《华夷图》拓片①

唐朝后期,河西走廊已被吐蕃长期占领。贾耽认为,无论是军事防守还是收复故土,都不能不知当地的地理,于是他绘制了《关中陇右及山南九州等图》,进献朝廷,受到德宗嘉奖。贞元十七年(801年),贾耽又绘成《海内华夷图》,进献朝廷。《海内华夷图》宽3丈(约7.4米),高3丈3尺(约8.1米),是古代尺幅最大的地图。地图范围东起今朝鲜半岛、日本,西达中东,西南至今克什米尔、印度河流域。《海内华夷图》"率以一寸折成百里",比例尺相当于1∶1 500 000,是第一幅明确标明比例尺的古代地图。《海内华夷图》还是一幅古今对照的历史地图,贾耽在图上用黑字表示古地名,用红字表示今地名,首创了用不同颜色文字标注地名的历史地图制作规范。

《元和郡县志》内页◎

《海内华夷图》早已亡佚，仅在西安碑林中保存着一块南宋初年根据《海内华夷图》缩绘而成的石刻《华夷图》。

中国古代官修史书制度始于唐代。作为史书的一种，地理方志也在官修之列。唐初年，魏王李泰曾经主编过一部全国性地理总志《括地志》，详细记载了各政区的建置沿革以及山川、物产、古迹、风俗、人物等内容。可惜此书南宋时便已亡佚。

9世纪初，李吉甫编撰的《元和郡县图志》便是魏晋以来留存至今年代最早的一部全国性地理方志。唐朝初年实行州、县两级的行政区划体系。唐朝中期后，各地广置节度使、观察使，实际形成为州以上的一级政区，称为节镇。《元和郡县图志》便依据已设立的47个节镇，分述各府州县的建置沿革、户口贡赋、山川古迹等内容。

隋唐之前300多年，中国一直处于分裂状态，行政建置混乱。《元和郡县图志》虽为唐代地理方志，但详细记述了各个政区的沿革，是对魏晋南北朝时期行政区划资料的全面补充。自然地理方面，《元和郡县图志》的内容也很丰富。全书共记载水道550余条，湖泽陂池130多处，有些资料在前代地理方志和《水经注》中都没有记载。

《元和郡县图志》原来每镇篇首均附有一幅地图，故名《元和郡县图志》。南宋以后，地图亡佚，遂改名为《元和郡县志》。清代《四库全书》对《元和郡县志》评价很高，认为它的编撰体例最为完备。

11 世纪
沈括《梦溪笔谈》中的地学认识

我们今天所说的地学主要包括地质学和地理学,前者研究地球系统运动的规律和运动过程,比如大陆漂移、板块构造、火山地震、风化剥蚀等;后者研究地球系统运动的结果和表象,比如高原、平原、山脉、河湖、气候、植被等。相对于地理学而言,地质学的研究更加困难,因为地质运动往往持续亿万年,在有限的人类历史中,无法看到明显的地质变化过程。尽管如此,中国古代仍有一些杰出人士,通过敏锐的观察和朴素的唯物主义思想,对一些地质现象形成了正确的认识。

今天江西省南城县西有一座道教名山,名为麻姑山。唐大历六年(771年),著名书法家颜真卿任抚州刺史时,登临麻姑山,留下了著名的书法作品《麻姑仙坛记》。在这篇文章中,颜真卿写道:"东北有石崇观,高石中犹有螺蚌壳,或以为桑田所变。"颜真卿看到山峰峭壁中有海洋生物的化石,便猜测此处以前可能是大海。今天看来,颜真卿的认识无疑是正确的。300年后,北宋科学家沈括在《梦溪笔谈》中,记录了更多的地质现象并描述了自己的认识。

沈括,字存中,北宋钱塘(今浙江省杭州市)人。沈括出身于官宦家庭,为官期间积极参与王安石变法,曾担任北宋政府负责财政事务的最高长官。北宋历来有任命文官担任军事统帅的传统,1080年,沈括出镇延州(今陕西省延安市),担任防御西夏的西北边疆军政长官。2年后,因军事行动失利,沈括遭到贬黜,晚年隐居润州(今江苏省镇江市),筑"梦溪园",潜心著书。

沈括是一位具有实业兴国思想的技术官僚,他关心科学技术,在很多科技领域都有真知灼见。《梦溪笔谈》是沈括晚年创作的一部综合性笔记体著作。全书共26卷609

条,255条属于科学技术范畴,其中记述了不少地学方面的内容。

据《梦溪笔谈》记载,北宋治平年间(1064—1067年),泽州(今山西省晋城)有人在打井时发现一具石化的蛇状生物骨骼,身上还能看到鳞甲的痕迹。沈括认为,这是蛇类生物死后埋于地下,逐渐石化所致。沈括的推测与古生物化石的形成过程相符。

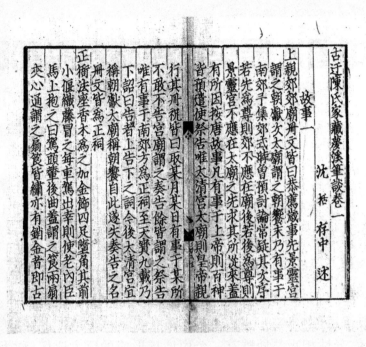

《梦溪笔谈》内页①

沈括在书中回忆,在他担任延州知府期间,有一次延州境内河岸崩塌,露出一大丛竹类植物化石。北宋时期,延州地区气候寒冷干燥,竹子根本无法生存。他因此推测,延州很久以前的气候可能和当时的南方一样,适合竹子生长。沈括通过观察思考,认识到地质历史上的气候变化现象。

同样在延州,沈括发现地下有黑色油脂涌出,当地人采集后作为燃料使用。沈括将其称为"石油",石油一词由此而来。沈括还曾利用石油制作书写用的墨,大获成功。当时,他敏锐地意识到"此物后必大行于世",令人不得不佩服他的先见之明。

中国南方高温多雨,水的侵蚀作用普遍而强烈。雁荡山位于今天浙江省温州地区,属于中国南方常见的丹霞地貌,这种景观是流水不断侵蚀红色砾岩的结果。沈括发现,雁荡诸峰都包在山谷之中,从下往上望是高岩峭壁,而顶部则与周围山地平齐。沈括据此认为,雁荡山所在地原是一块平坦高地,由于水流不断冲刷,松散沙土逐渐被侵蚀,只留下峭壁般的巨石。他还将此结论推广到豫西大峡谷,认为峡谷中的土山也是流水侵蚀形成的,区别只是豫西大峡谷中留下的是土状山峰,而雁荡山留下的是岩石山峰。

*11*世纪
中国人最早发现磁偏角和磁倾角现象

指南针是一种利用磁性物质与地球磁场的相互作用指示方位的指向仪器。指南针是中国古代四大发明之一，它的诞生，改变了人类历史和文明发展的进程。

早在春秋战国时期，中国人就发明了最早的磁性指向装置——司南。司南由一块方形地盘和一只具有磁性的勺状物构成，使用时，勺状物在地盘上旋转，以勺柄指示方向。由于勺状物底部与地盘接触面过大，旋转时摩擦力较大，导致指示方位的准确性不高。真正具有实用性的指南针装置出现在北宋时期，用一根悬吊在空中或浮在水面上的细磁针指示方位。

磁性物质都有两极——磁南极和磁北极。当两个磁性物质靠近时，同性相斥，异性相吸。地球有一个由地核形成的巨大磁场，称为地磁场。指南针上的磁针与地磁场相互作用，静止时，磁针南极指向地磁北极方向，磁针北极指向地磁南极方向。地磁场的磁北极位于地理北极点附近，磁南极位于地理南极点附近。地磁南极和地磁北极与地理上的南、北极点距离很近，但两者位置并不重合。指南针指向的是地磁南、北极的方向，与地理上的正南、正北方向有一定偏差，这一偏差的角度称为磁偏角。

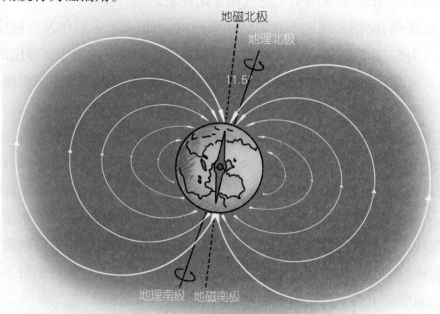

磁偏角示意图Ⓢ

北宋沈括在《梦溪笔谈》中首次记录了磁偏角现象，"方家以磁石磨针锋，则能指南，然常微偏东，不全南也"。沈括明确指出，指南针指的是南偏东一点的方位，并不是正南方向。直到400年后，意大利航海家哥伦布才在远航美洲的途中观察到磁偏角现象。

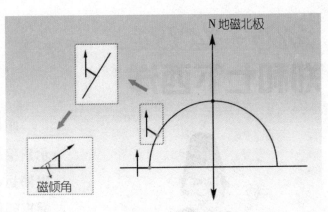

磁倾角示意图①

地面上的磁针永远与所在地地磁场磁感线的切线方向平行，由于磁力线呈弧形，除赤道外，在地表上的任意一处，以地表水平面为参照系，磁针总是指向地表水平面的斜上方。磁针与地表水平面之间的夹角称为磁倾角。纬度越高，磁倾角越大，在南、北极点处，磁倾角为90°。中国古代文献中没有明确提到磁倾角，但从中国古人制作指南针的一些做法中可以推断，他们已经知道磁倾角的存在，并在制作指南针时适当进行校正。

北宋《武经总要》中介绍了一种指南鱼的制作方法：首先将普通铁片制成鱼片状，然后烧红，沿南北方向放置，使其冷却。其原理是：当铁片烧红时，内部原子（相当于有磁性的微粒）无序排列；当其沿南北方向放置时，受地磁场影响，铁片中的微粒定向排列，产生磁性。铁片冷却后，微粒的排布状态便被固定下来，铁片因而可以长时间地保存磁性。值得注意的是，书中特别提到，在铁片冷却过程中，要将指北的鱼尾稍微向下倾斜。正常情况下，由于磁倾角的存在，指北的鱼尾会向地表水平面上方倾斜。指南鱼冷却过程中，人们有意使鱼尾向下倾斜一定角度，这样制成的指南鱼，使用时指北的鱼尾就会呈水平状态。从上述做法中可以看出，那个时候的中国人已经知道磁倾角的存在，并且采取措施，消除磁倾角对指南针装置使用的影响。

指南鱼①

1405—1433 年
郑和七下西洋

郑和 ⓖ

明代初年，国势强盛。雄才大略的永乐皇帝朱棣登上皇位后，决定派船队出海远航，以宣扬国威，并让海外各国都来朝贡。

明永乐三年（1405年）七月，永乐皇帝朱棣命太监郑和率领由240多艘海船、27 000多名船员组成的庞大船队远航。郑和奉旨率船队由苏州刘家港出海，远航西洋，史称郑和下西洋。"西洋"即今文莱以西的海域，包括中国南海及印度洋。

郑和，原名马和，小名三宝，云南昆阳（今云南晋宁）人，早年入宫，"靖难之役"中屡立战功，深受朱棣信赖。从永乐三年到宣德八年（1433年）的28年间，郑和率领船队先后七下西洋，到达今中南半岛、印度尼西亚、马来半岛、印度次大陆、阿拉伯半岛和东非沿岸的许多地方，包括爪哇、苏门答腊、苏禄、彭亨、真腊（今柬埔寨境内）、古里（今印度卡利卡特）、暹（xiān）罗（泰国古称）、榜葛剌（là）（今孟加拉）、阿丹（今亚丁湾西北岸一带）、天方（古时指阿拉伯国家）、忽鲁谟斯（今伊朗东南部地区）、木骨都束（今索马里摩加迪沙一带）等30多个国家和地区。最后一次下西洋，在宣德八年四月回程到印度古里时，郑和因病在船上去世。

明代末年编撰的大型军事百科全书《武备志》中，有一套比较完整的《郑和航海图》，详细描述了船队航行的方向、沿途国家和港口的位置、航程距离以及航道途经的暗礁和浅滩等，仅地名就有500余处，大多为外域地名。图上所记的航行线路等与明代《前闻记》中所记载的郑和末次下西洋的内容相合，可见它极可能是郑和船队最后一次下西洋所用的航海图。

郑和远航穿越印度洋，开创了中国古代海上远航的新纪录。对于当时的世界各国来说，郑和所率领的舰队，从规模到实力，都是无可比拟的。郑和下西洋之所以能成功，是因为当时较为发达的造船技术以及罗盘、火炮等技术的不断发展，为其提供了安全保障。

郑和远航的随行人员还编撰有《瀛涯胜览》《星槎胜览》《西洋番国志》等书。这些书的作者以亲身经历，记述了所经各国的政治、经济、军事、文化、地形、风物等，大大拓展了国人的地理视野，保留下许多东南

郑和宝船模型Ⓨ

亚、南亚、中东等地区的古代文献资料。但由于明代自1368年建立后就实行严格的海禁政策，所以民间的海上贸易并没有随之发展起来。

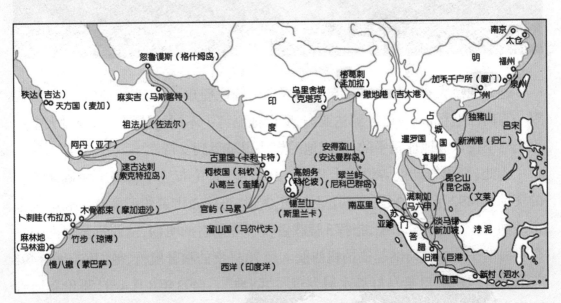

郑和下西洋航线示意图◎

1492年
哥伦布发现美洲大陆

　　15世纪,欧洲资本主义开始出现,许多国家竞相寻找海外市场,地处东方的亚洲是他们探险的首选目标。以前,欧洲国家与中国和印度的贸易是通过"丝绸之路"来实现的。但自1453年奥斯曼土耳其帝国征服君士坦丁堡后,通往亚洲的陆路被切断了。所以欧洲一些国家希望能从海上开辟出一条航路来到达东方。1487年,葡萄牙航海家迪亚斯虽然成功绕过非洲南端的好望角,却最终未能如愿到达亚洲和印度。

非洲南端的好望角⛰

　　这时的意大利航海家哥伦布已掌握了一些地理知识,他坚信地球是圆的,只要一直向西航行,就一定会到达亚洲,所以他制订了不同的计划。但当时大多数人仍然坚持认为地球是平的,所以他的想法很难得到支持。

　　为此,哥伦布到处游说了十几年。1492年,哥伦布终于得到了西班牙王室的资助。1492年8月3日,受西班牙国王派遣,哥伦布带着给印度君主和中国皇帝的国书,率领87名水手,指挥3艘载重仅百吨左右的帆船,从西班牙西南的一个小海港——帕洛斯港起锚扬帆西航。经70昼夜的艰苦航行,他们终于在1492年10月12日,在巴哈马群岛水域发现了"陆地"。1493年3月4日,哥伦布回到里斯本,并于1493年4月底回到巴塞罗那,从此声名远扬。

　　此后,他又3次出海远航(1493—1496年,1498—1500年,1502—1504年)。

通过这4次航行，哥伦布开辟了横渡大西洋到美洲的航路，先后到达巴哈马群岛、古巴、海地、多米尼加、特立尼达等岛。他考察了中美洲从洪都拉斯到达连湾2000多千米的海岸线，认识了巴拿马地峡，发现了大西洋上的信风，并利用它来航行。他的创

油画《哥伦布发现新大陆》

举使美洲大陆进入开发的新纪元，成为历史上一个重大的转折点。但同时也导致欧洲人对美洲的殖民扩张以及原住民印第安人文明的毁灭。

不过，直到1506年逝世，哥伦布一直认为自己到达的是印度，并称当地人为印第安人，压根没想到他发现了美洲大陆。然而，他的同胞意大利航海家亚美利哥·韦斯普奇经过更多的考察，才知道哥伦布到达的这些地方不是印度，而是一个原本不为人知的"新大陆"，后来这片大陆就用他的名字命名为亚美利加洲，简称"美洲"。

麦哲伦

继哥伦布之后，西方世界的航海探险进入高峰期。葡萄牙航海家达·伽马绕过非洲打通了通往印度的海路。葡萄牙航海家麦哲伦则完成了人类历史上第一次环球航行。人类在航海探险过程中，用实践行动证明大地是一个圆球，地球上的海洋是连通的。

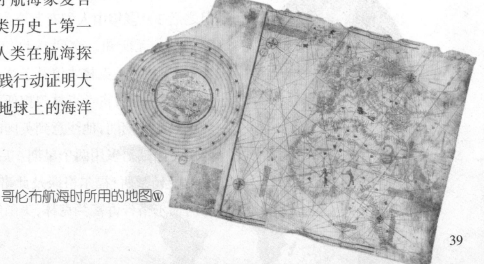

哥伦布航海时所用的地图

1513年

墨西哥湾暖流的发现与海图的绘制

你知道海洋中也有"河流"吗？其实这些"河流"的专业名称叫海流，又称洋流。它是指海洋中流速和流向相对稳定的大规模的水体运动。由于海流的特性，科学家将它形象地称为"海洋中的河流"。海流在海洋乃至全球能量和物质传输过程中起着重要的作用，对海洋中的多种物理、化学、生物和地质过程，以及全球天气和气候的形成和变化等，都有影响和制约作用。

大洋环流传输示意图ⓒ

墨西哥湾暖流作为全球最为重要的海流之一，它的发现与16世纪地理大发现紧密联系在一起。1513年，西班牙探险家胡安·庞塞·德莱昂率领由3艘航船组成的船队从波多黎各出发，到佛罗里达海岸开展探险活动。当船队航行到佛罗里达海峡时遇到了强大的海流难以前进，船队被冲散，最后不得不靠近海岸才得以缓慢航行。这股海流就是后来被命名的著名的墨西哥湾暖流。德莱昂和他的船队领航员一起作为墨西哥湾暖流的发现者被载入史册。

本杰明·富兰克林ⓦ

虽然在16世纪墨西哥湾暖流已经被发现，但之后200多年中人们对其空间结构、物理特性等仍是一无所知。直到18世纪，美国著名的学者本杰明·富兰克林才填补了这一空白。在美国独立战争以前，富兰克林曾担任波士顿邮政局副局长。在任期间，他注意到英国邮船通过大西洋要比美国邮船多用两个星期。后来，富兰克林与他的表兄摩西·福尔格谈及此事，身为捕鲸船船长的福尔格告诉富兰克林，美国船是沿着墨西哥湾暖流顺流向东航行的,但返回航行却避开了原航道,不逆流行驶,而英国船则不然。当时,富兰克林对此非常迷惑:英国船队为何不走这条省时省力的航线。为了进一步弄清墨西哥湾暖流的流场特点,富兰克林请福尔格帮忙,把墨西哥湾暖流的流向绘制在大洋海图上。富兰克林将漂流瓶抛进墨西哥湾暖流,采用漂流瓶发信件的方法,在瓶里装上纸条,并告知此瓶的发现者来信告知发现瓶子的地点和时间。这种方法十分有效,现代海洋学家仍在使用。根据无数只漂流瓶反馈的信息,富兰克林仔细审核了墨西哥湾暖流的流程,然后绘制了一份海流图,并将复制件寄给了普利茅斯的航海总局。他希望英国船长们能使用这份海图。然而,英国是当时的航海大国,向来由他们向世界各国出售海图,自然对富兰克林寄来的这份海图不屑一顾。但历史证明,富兰克林利用这种简单的方法绘制而成的墨西哥湾暖流海图,时至今日亦无须更改。

墨西哥湾暖流是世界上规模最大的暖流,其气势恢宏,流程超过2000千米,暖流在海面的宽度达

本杰明·富兰克林编绘的墨西哥湾暖流海图ⓦ

100—150千米,影响深度超过1000米,最大流速可达2.5米/秒,最大流量为1.5亿立方米/秒,是全球所有江河流量总和的120倍。值得一提的是,墨西哥湾暖流水温较高,在冬季比周围海水高出约8℃。如此规模的热水流携带着巨大的热量,浩浩荡荡地流向北大西洋高纬度海域,特别是西北欧沿岸海域。据估算,墨西哥湾暖流每年向西北欧输送的热量,大约相当于每千米海岸燃烧6000万吨煤,由此可见它对西北欧气候的影响多么巨大。在好莱坞著名的科幻电影《后天》中,由于全球冰川快速融化造成墨西哥湾暖流向北输送受阻,导致了全球天气快速变冷的极端情况。虽然,这一灾难性事件仅发生在科幻电影中,但古气候学家的研究表明,在地球的历史上可能真的发生过类似的事件。那是在距今约13 000年前,由于墨西哥湾暖流突然中断,造成气候突然变冷(时间跨度大约为1000年),这一事件被称为"新仙女木事件"。

1596 年

范·林斯霍特出版最早的航海志

> 航海志是远洋船在航行过程中记录的航线信息，以及航线中的海洋地理、地貌、气象等信息的资料汇编，对于各个国家发展海洋事业、保护领海主权具有重要的参考价值。

在 15—16 世纪的欧洲，由于不断爆发战争，各国及航海家们大都对自己使用的航海资料保密，海上调查资料的收集和整理仍然以研究海洋地理、编制海上航线资料为目的。在这个背景下，荷兰旅行家范·林斯霍特于 1596 年出版了最早的航海志。

范·林斯霍特 1563 年出生于荷兰哈勒姆，早年曾在西班牙和葡萄牙等地经商和游历。1583 年，他远赴位于印度的葡萄牙殖民地果阿，担任大主教书记员，由此见识了大量难以接触到的有关葡萄牙庞大的海外殖民帝国的海图和地理资料。范·林斯霍特在果阿生活了 6 年，在此期间他广泛收集、查阅了葡萄牙众多海外殖民地的地理、历史、人文、贸易和航海等资料，复制了大量的图件，并进行考证和研究。1589 年，范·林斯霍特离开果阿回到葡萄牙，并于 1592 年返回荷兰。

范·林斯霍特编写的航海志ⓟ

1596 年，范·林斯霍特在荷兰阿姆斯特丹出版了根据他在果阿任职期间收集、整理的资料和图件所编写的航海志。他编写的航海志不仅详细介绍了欧洲至印度以及亚洲各大港口的航线情况，还提供了沿程海域精确的水深、海流、海岛、浅滩等有关海上安全航行所需的航海资料，并附有大量前所未有的高精度精美岸线图和海图。其后的 100 多年间，航海志成为欧洲航海者必备的海上航行指南和航海教材，极大地促进了欧洲航海事业的发展，对地理学的发展也起到了重要的推动作用。

17 世纪
徐霞客与《徐霞客游记》

文艺复兴以来,外出旅行成为欧洲年轻贵族子弟一项重要的人生历炼。在旅行、考察过程中,他们深入接触大自然,其中一些人便会思考地学现象的成因和地貌演化的过程,从而推动了现代地学的发展。现代地学发展史上很多重要人物,如赫顿、莱伊尔、达尔文、洪堡等,都有过丰富的野外考察经历。相比之下,中国古代有为的年轻人常被家族寄托了光宗耀祖的期望,皓首穷经以求获得仕途功名。这一传统使得中国古代具有实践精神的地理学者极为稀少,徐霞客就是这些人之中最具代表性的人物。

徐霞客Ⓨ

徐霞客,字振之,他原来的名字叫徐弘祖,霞客是他的号。因为霞客这一名号被更多人知晓,人们也就称呼他为徐霞客。徐霞客是明代末年南直隶江阴县人,即今天江苏省江阴市人。现今的江阴市马镇南岐村,仍然保留着徐霞客的故居。徐霞客出身于官宦世家、书香门第,但到他父亲这一代时家道中落。其父一生不愿为官,喜欢四处游览山水。受父亲影响,徐霞客自小便喜欢阅读历史、地理、游记类书籍,立志长大后要游遍名山大川。徐霞客仅在15岁那年参加过一次科举考试,但没有考中,此后便无意功名。

《徐霞客游记》的内页Ⓒ

父亲去世后,在母亲的鼓励下,徐霞客开始出游。从1607年到他去世前一年(1640年),30多年间,除母亲去世、自己娶妻、妻子去世和儿孙出生的几年外,其他时间徐霞客都在全国各地旅行考察,足迹遍及今天的江苏、浙江、安徽、山东、河北、山西、陕西、河南、湖北、福建、广东、江西、湖南、广西、贵州、云南16个省。

徐霞客旅行路线图①

徐霞客有一个良好的习惯,每到一处旅游,都会将自己的所见所闻、所思所想以日记的形式记录下来。然而,徐霞客出行途中,不止一次遇到盗匪和事故,加之年代久远,大批珍贵的日记资料就此遗失。后人将留存下来的徐霞客的日记资料,整理成书,命名为《徐霞客游记》。目前内容较全的《徐霞客游记》版本,共计62万余字,日记1050篇,内容涉及地貌、地质、水文、气候、动植物、历史地理、政治经济、城镇聚落、民族风俗等诸多方面。

《徐霞客游记》对中国古代地学的贡献主要体现在以下四个方面:第一,对中国西南喀斯特地貌的类型、分布、地区差异,尤其是喀斯特洞穴的特征、类型及成因,进行了详细考察记载和科学论述;第二,以实地考察纠正了古代文献记载中的一些重大错误,如否定了以往"岷山导江"的说法,指出金沙江才是长江的上源;第三,游记中记录了很多植物品种,明确提出地形、气温、风速对植物分布和开花早晚的影响;第四,考察了云南腾冲地区的火山遗迹,科学记录并解释了火山喷发物的产状、质地及成因。

《徐霞客游记》的首篇为《游天台山日记》,其写作时间为那一年的5月19日。2011年,国务院宣布,将每年的5月19日定为"中国旅游日"。

1669—1816年
从"地层层序律"到"化石层序律"

如果你有机会乘车在山区的公路上穿行，一定会看到因修路而破开的山体中露出的一层层岩石，这就是地层。在地球表面，沉积岩几乎占到全部岩石的70%，由于沉积岩中往往会含有动植物化石，且有一定的排列顺序，因此人们可以据其追溯某一地区的地质发展历史，地质学家也因此形象地将地层称为"地球的万卷书"。不过，人类花了近200年的时间，才学会阅读这本残缺不全的书。

第一个对地层作出系统研究的是丹麦解剖学家和地质学家尼古拉斯·斯泰诺。斯泰诺出身于丹麦哥本哈根的一个富裕家庭，父亲是一名金匠。自1660年起，他先后在哥本哈根、荷兰的莱顿和阿姆斯特丹学习医学，最终成为一名著名的解剖学家，

斯泰诺[P]

并先后在法国、奥地利和匈牙利游历。1665年前后，他被任命为佛罗伦萨托斯卡纳大公斐迪南二世的医生。由于经济上比较富足，时间上十分自由，他从1666年开始接触地质学，在意大利的采石场、矿山和洞穴等地进行地质考察，足迹遍及著名的卡拉拉大理岩、亚平宁山脉、阿诺河和沿海低地。

1669年，斯泰诺出版了最重要的著作《导言：论天然固体中的坚硬物》。虽然书的题目有些晦涩，但该书却是文艺复兴时期最重要的地质学著作之一。斯泰诺不仅在书中大胆地指明化石的生物属性，以及化石是如何被封存在岩石中的，还第一次阐明了基本的地层学定律：一般情况下，如果未受到强烈地壳运动的影响而颠倒，岩层在形成后应该是先沉积的在下，后沉积的在上，一层压一层，保持近于水平的状态。这就是著名的地层层序律，又称地层叠覆律。因此，他认为通过仔细研究地层可以破译地球的历史。但由于受宗教观念和当时认知水平的束缚，他将地球历史限定在6000年以内。

三年后，斯泰诺回到丹麦，并放弃了对地质学的研究。1672年至1674年，他

任哥本哈根大学的解剖学教授,由于日子过得并不舒心,他再次选择离开。随后,他成为佛罗伦萨科西莫大公三世儿子的家庭教师,并渐渐投身于宗教事务,终其一生。地层层序律的建立,大大加快了人们对于地球历史的认识。

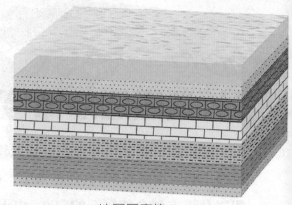

地层层序律ⓒ

时间来到18世纪中期,在意大利被誉为"地质学之父"的阿尔杜伊诺根据自己的研究,将地壳分为原始纪、第二纪、第三纪和第四纪四个主要的地层单元,为建立地层年代学打下了良好的基础。事实上这个分法是很粗略和不准确的。如今,原始纪和第二纪早就弃之不用了,第三纪最近也退出了历史舞台,仅剩第四纪这个说法依然保留。阿尔杜伊诺早年在意大利北方从事采矿业,是意大利北部地区著名的采矿专家。尤其值得一提的是,阿尔杜伊诺很早就认识到了化石的重要性,并率先尝试利用化石确定地层中岩石的形成年代。

地层学真正成为一门集理论与应用于一体的学科,则要归功于被称为英国地质之父的威廉·史密斯。史密斯出生于英国牛津郡丘吉尔城附近的一个乡村。虽然家境贫寒,11岁就辍学,但他依然坚持自学。1787年,他经人介绍成为一位教会学校测量校址的测量工程师的助手。史密斯工作积极,很快学会了一整套进行测量工作的业务知识。1793年至1799年,史密斯参加萨默塞特郡煤运河的施工,在六年的野外考察实践中,他发现,不同地质时期生活着种类不同的古生物,这些生物死后,其中一部分生物的躯体或遗迹留在地层中,形成化石。比较不同地层中的古生物化石,就能判断出地层的新老关系。比如,海洋生物三叶虫只生活于古生代,而恐龙只生活于古生代之后的中生代。如果一个地层中发现了三叶虫化石,另一个地层中发现了恐龙化石,那么,无论这两个地层现在相对位置如

威廉·史密斯Ⓟ

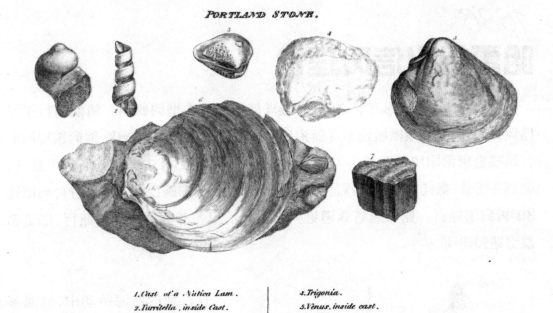

威廉·史密斯根据化石划分地层的专著中的插图①

何,我们都可以做出判断:包含三叶虫化石的地层更古老。史密斯把各种化石的地点和符号标注在地质图上,并将含相同化石的岩层位置勾画出来,完成了第一幅"不列颠地层表"。

1815 年,史密斯完成了划时代的杰作《英格兰、威尔士和苏格兰部分地区的地层概述》,编绘了《英格兰和威尔士彩色地质图》(这也是世界上第一幅近代地质图)。

1816 年,史密斯出版了被称为地层学奠基之作的《用生物化石鉴定地层》一书,提出了著名的"化石层序律",即不同时代的地层所含化石不同,含有相同化石的地层属同一时代。鉴于生物演化的不可逆性、阶段性和生物较强的迁移能力,可以将地层中的化石作为指示时间先后的符号。根据"化石层序律"用所含化石进行地层划分和对比,在指导思想、操作方法和精度等方面都比地层层序律先进得多。这一成就奠定了现代地层学的基础,史密斯本人因此被誉为"现代地层学之父"。

史密斯第一次确立了生物地层学的基本原理和方法,并将其成功地应用于地质填图,完成了英国乃至全球的第一张真正的地质图。时至今日,世界各国在地层划分对比和地质填图时仍遵循"史密斯地层法"和"史密斯填图法"的基本原理和方法。

1686 年
哈雷提出信风理论

在 15—17 世纪的大航海时代,远洋航海依靠大型的帆船。帆船的行进是以风力为动力的,所以航海家在航海过程中非常注意风向的变化,他们选择的航行路线也常常跟风向有关。早在 15 世纪初,葡萄牙人在大西洋的航行中发现,要到达南非,最佳的航行路线是先朝西南方向(南美洲的巴西方向)航行,到南纬 30°再向东航行。如果越过赤道进入南半球后沿着非洲海岸向南航行,那么必然会遇到逆风。

西班牙大帆船模型◎

在长期的航海活动中,航海家渐渐发现了风向随纬度变化的规律:地球上有些地带的风向几乎是全年恒定不变的,南北半球的低纬度地区盛行东风,其中北半球以东北风为主,南半球以东南风为主;而中纬度地区则盛行西风。因低纬度地区盛行的偏东风很有规律,航海家便把它们叫作"trade winds"(信风)。在那个时代,"trade"有"路径"的意思,还没有"贸易"的意思(据词源学家考证,由于信风在英国商船队穿越大西洋中具有重要作用,所以到了 18 世纪,公众赋予"trade"以"贸易"的意思)。

在大航海时代,盛行风对航海的影响是显而易见的,它使得有些地方容易到达,而有些地方不容易到达,因此它直接影响到欧洲列强的对外扩张。当商人们掌握了信风的规律后,便借助信风开展海上贸易活动。

首先对信风进行理论研究的是哈雷,就是那个发现哈雷彗星的英国著名天文学家。1686 年,哈雷发表了有关信风和季风(随季节而改变风向的风,主要由

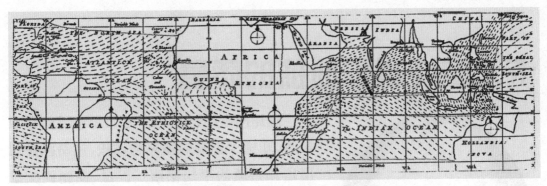

哈雷1686年发表的信风分布图℗

海洋和陆地间的温度差异造成)的论文,综述了三大洋盛行的风,并绘制了一张信风分布图,正确地描述和刻画了低纬度地区风的基本特征:赤道无风,赤道以北盛行东北风,赤道以南则盛行东南风。根据季风随季节更替而风向相反这个特点,他提出太阳提供的热量是大气运动的驱动力。他还提出,信风的形成与太阳供给赤道较多热量有关。

到了1840年代后期,美国海军军官马修·莫里通过研究前人的航海日志,并向航海家收集和交换资料,绘制出了全球海洋上的风向和洋流的图表。这些图表在航海中发挥了非常巨大的作用,大大缩短了航程,有些竟能减少三分之一左右。而一些顽固的人因拒绝使用他的图表,则常常半路出岔子或者花费更长的航行时间。

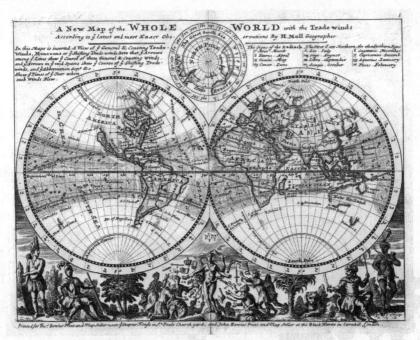

全球信风分布图(绘制于1736年)℗

18 世纪
卡文迪许测量地球的质量

卡文迪许[P]

地球质量是地球的一个非常重要的基本参数，知道了地球的质量和体积，就可以计算出地球物质的平均密度。但是，问题的关键是，怎样才能知道地球的质量？2000多年前，伟大的阿基米德曾经说过："给我一个支点，我就能撬起地球。"阿基米德最早发现了杠杆原理，理论上我们可以利用杠杆原理称量出地球的质量，但实际上，在茫茫宇宙中不可能存在一个能撑起地球的杠杆的支点。真正测量出地球质量的人，是18世纪的英国科学家卡文迪许。

1687年，牛顿出版了划时代的巨著《自然哲学的数学原理》，这本书奠定了现代自然科学的基础。在这本书中，牛顿提出了万有引力定律，即任意两个质点都会在它们质心连线方向上互相吸引，引力大小与它们质量的乘积成正比，与它们之间距离的平方呈反比。写成公式就是下面的样子：

$$F = G\,\frac{Mm}{r^2}$$

公式中，F为万有引力，M、m分别为两个质点的质量，r为两个质点连线的距离，G为万有引力常数。

地球和地表的物体之间存在万有引力，这说明通过测量引力、距离和地表物体的质量，就可以计算出地球的质量。但是，问题的关键是，万有引力常数是多少？牛顿也不知道。100年后，卡文迪许用实验给出了答案。

晚年的卡文迪许设计了一套极其精妙的实验装置。在一根可以扭转的石英丝下，悬挂着一个T形架，T形架两端各固定一个质量为m的小铅球。T形架顶端固定着一面平面镜，固定位置射来的光线经平面镜反射后，呈现在一根有精密刻度的标尺上。此时，在距离两个小铅球相同的位置，各放置一个大铅球。由于引力作用，小铅球微微移向大铅球一侧，带动T形架转动，使标尺上的光标轻微

移动。

石英丝的扭转力矩为 $k\theta$（k 为扭转系数，θ 为转动角度），T 形架的转动力矩为 FL（F 为大小铅球间的引力，L 为两个小铅球间的距离），平衡时，石英丝的扭转力矩等于小铅球的转动力矩，所以 $k\theta = FL$，$F = \dfrac{k\theta}{L}$，万有引力公式为 $F = G\dfrac{Mm}{r^2}$，将上面公式代入，则：

$$G = \frac{Fr^2}{Mm} = \frac{k\theta r^2}{MmL}$$

公式中，k、θ、r、M、m、L 都可以通过实验精确测得，从而计算出万有引力常数的大小。

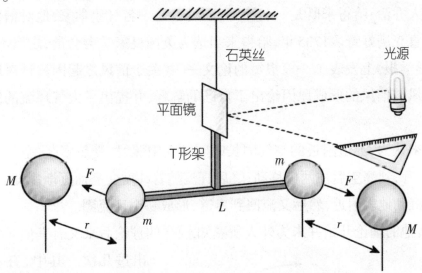

卡文迪许测量地球质量的实验装置⑧

卡文迪许最终提交的实验报告长达 57 页，发表在 1798 年的英国皇家学会会报上。今天看来，这份报告通篇都是吹毛求疵般地追查误差来源的描述，甚至当年的评审专家都抱怨"读起来像是检讨错误的专题论文"。然而，由于大小球体之间的引力极其微弱，仅约为球体重量的 5000 万分之一。组件本身以及相互间作用的任何细微变化都会导致测量误差，甚至连组件本身温度与空气温度的差别引起的气流也会干扰测量结果。正是由于卡文迪许严谨的实验态度，才使他的结果经受住了时间的考验。200 多年前，卡文迪许测量计算出的万有引力常数为 $6.75 \times 10^{-11} \mathrm{Nm}^2 / \mathrm{kg}^2$，与目前公认值 $6.67 \times 10^{-11} \mathrm{Nm}^2 / \mathrm{kg}^2$ 相比，结果非常接近。

卡文迪许实验过程的每个选择和操作都精细到令人心焦、心碎，测量的结果又令人心动、心醉，体现了科学实验的精确之美。

1735年

哈得来创立经向环流理论

在大航海时代,欧洲的航海家们为了确保所驾驶的船能顺利到达目的地,就必须把掌握信风的规律当作最重要的事。自从1686年哈雷提出信风理论,并试图解释信风成因以后,他的信风理论便传播到世界各地,到19世纪初已为大家所公认。

英国人乔治·哈得来既是一名律师,同时也是一名气象学家,他对信风的成因问题一直充满好奇。1735年,哈得来当选为英国皇家学会会员,之后不久,他便在《哲学学报》上发表了一篇很短的论文——《关于信风之起因》,针对地球上盛行的西风与信风的形成原因给出了自己的解释,并提出了大气环流的假设模型。

哈得来认为,赤道附近的空气因长时间被太阳照射,受热膨胀,空气密度变小,因而上升,到高空后往两极移动;之后气流随着纬度变高而逐渐冷却,密度增加后便下沉到地表附近,然后又流回到赤道,形成一个环流圈。

不过,他的理论开始并未为外人所熟知,同样的理论后来又有其他人独立提出过几次。其中,有一个名叫约翰·道尔顿的提出者发现,哈得来才是首先提出这一理论的人。在19世纪下半叶,这一理论逐渐被称为"哈得来原理"。

后来人们经过验证后发现,虽然从赤道上升的气流在高空确实往两极移动,但并未如哈得来所假设的那样吹至两极,而是在南、北纬30°附近便沉降了下来,然后以信风形式流回到赤道。不

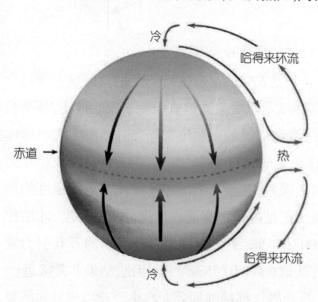

哈得来环流经向示意图 这是最初的模型,后来的模型有所改变。①

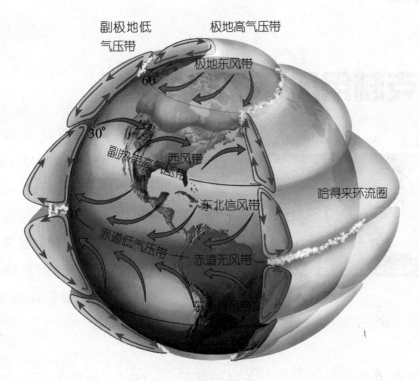

副极地低气压带　　极地高气压带

极地东风带

66°

30°

副热带高气压带　西风带

哈得来环流圈

东北信风带

赤道低气压带

赤道无风带

东南信风带

信风的形成机制©

过哈得来的整个循环和成因假设大致和后人的研究相符,因此后人便将此大气环流称为"哈得来环流圈"。

现在我们知道,大气环流中至关重要的一点是,空气相对于地球运动时,地球自转对其运动方向有很大影响,而这个因素哈得来在其理论中并没有提及。

现在我们知道了更确切的原因:由于太阳直射点在南北回归线之间变动,所以赤道地区得到的太阳辐射较多,终年炎热。那里的大气受热膨胀,产生旺盛的上升气流,形成低气压。空气上升到高空后向两极扩散,在南、北纬30°附近下沉,形成副热带高压。而在大气低层,副热带高压区的空气则流回赤道低压区,以弥补那里因上升而损失的空气,从而在北半球形成北风,在南半球形成南风。但由于受地转偏向力的影响,北半球(南半球)气流会偏向运动方向的右侧(左侧),所以北半球(南半球)低纬度地区盛行东北风(东南风)。地转偏向力也叫科里奥利力,它来自物体运动所具有的惯性。物体在旋转体系中直线运动时,由于惯性的作用,有保持方向不变的趋势,但由于体系本身是旋转的,所以经一段时间后,运动方向会有变化。这个变化在旋转体系中被归结为一个外力的作用。

1752 年
富兰克林用风筝探测雷电

印有本杰明·富兰克林肖像的邮票Ⓟ

说起本杰明·富兰克林,许多人都知道他是美国伟大的政治家,同时也是出版商、印刷商、记者、作家、慈善家,更是杰出的外交家,美国《独立宣言》的起草人之一,是美国的建国元勋。在富兰克林生活的那个时代,他是美国最著名的人。其实,他还是一位很有成就的物理学家,一位让人称道的发明家。

富兰克林曾经做过很多项有关电的实验。1750 年,他提出了一个实验设想:通过在雷暴天气中放飞风筝来证明闪电是电。据说,在一个电闪雷鸣的上午,富兰克林将一只风筝放飞到云中,风筝下挂有一段铁丝,铁丝下连接一根麻绳,麻绳的下端接一根丝线,绳线接触处系了一把铜钥匙。他发现,当雨打湿风筝线后,风筝线能导电。当发生闪电时,风筝下端的铜钥匙可以给莱顿瓶充电,这与摩擦生电的性质完全相同,从而证实了天上的闪电就是电。

风筝实验具有里程碑式的意义,它不仅揭示了雷电的本质,也破除了当时人们对雷电所持的迷信观念,他们总是把雷电跟神灵联系在一起。不过,对于富兰克林是否做了这个实验,刚开始有人提出质疑,因为雨天放风筝,风筝线导电,对于放风筝的富兰克林来说会有生命危险。但 1767 年,英国化学家约瑟夫·普里斯特利在《电的历史和现状》一书中表明,富兰克林当时确实做了绝缘

油画《富兰克林做风筝实验》Ⓟ

保护。

　　也有人确实在几个月后重复富兰克林的实验时触电了。富兰克林后来在文章中表明,他意识到了危险,并提出用替代方案来证明闪电是电。

为纪念富兰克林诞辰300周年发行的纪念币 ⓟ

　　风筝实验还给了富兰克林以启发,最终促成他发明了避雷针。实验中他发现,尖锐的部位比起其他部位更能静静地放电,而且能远距离放电。他于是猜想,这一性质或许可以用来保护建筑物不受雷电的袭击。于是,他在自家的房屋顶上竖直安置一根铁棒,上面一头磨尖,下面一头引一根导线接到地上,这样就可以在雷雨天将雷电引到地下,以避免建筑物被雷击。经过一系列实验,富兰克林获得了成功,他的发明不仅使人类免受雷电肆虐之苦,也使雷电与神灵脱离了关系。1753年,避雷针被安装在美国费城宾夕法尼亚学院(后称宾夕法尼亚大学)和宾夕法尼亚州议会会场(后称独立大厅)顶上。为了表彰富兰克林在电方面所作的贡献,1753年富兰克林获得英国皇家学会授予的科普利奖章。

避雷针 ⓒ

1768—1779年

库克进行海洋科学考察

詹姆斯·库克Ⓦ

詹姆斯·库克是18世纪英国最著名的航海探险家，被人们尊称为"库克船长"。他曾作为英国皇家海军军官，三度奉命出海前往太平洋，带领船员成为首批登陆澳洲东岸和夏威夷群岛的欧洲人，也创下欧洲船只首次环绕新西兰航行的纪录。

库克于1728年出生在英国约克郡的马顿村。16岁时库克搬到32千米外的渔村斯特尔兹生活，并在食品杂货和针线用品店内担任见习店员。在渔村工作期间，库克每天见到海船进出村子，常听到店里进货的水手、船员谈论航海的故事，于是对扬帆出海产生了浓厚的兴趣。在杂货店工作18个月后，库克认为自己并不适合店务工作，在店主的引荐下，他来到邻近的港口市镇，受雇于沃克两兄弟，开始在他们的小船队中任职商船队见习学徒，负责定期往返于英格兰沿岸各地运送煤炭。库克花了好几年的时间在"自由爱号"等几艘运煤船上学习、工作，航行于泰恩河和伦敦之间。作为见习学徒，他还学习了代数学、几何学、三角学、航海和天文学等各方面的知识，这些技能也是受训的一部分，对他日后指挥自己的船只提供了莫大的帮助。完成了3年的见习学徒训练后，库克转到往返于波罗的海的商船工作。在1752年通过考试后，他在商船队中屡获擢升，并于同年出任"友谊号"运煤船的大副。在1755年，库克离开商业船队选择投身皇家海军，参加了英国的七年战争。战后，擅长于测绘的库克在1760年被纽芬兰总督聘任为海事测量师,负责为纽芬兰岛参差不齐的海岸制作地图。由他绘制的纽芬兰海岸地图甚至成为此后近200年来船只出入该地的主要参考,一直到20世纪才被更新和更精确的地图取代。

库克在测绘期间经常要经受恶劣天气和环境的考验,实地工作也进一步磨练和提升了他在测绘方面的熟练度和技巧,使他获得海军部和皇家学会的青睐。库克逐渐成长为一个胸怀大志的航海家,就在他完成纽芬兰海岸地图绘制的任务后不久,他在日记中写下了这样的目标:我打算不止于比前人走得更远,而是要尽己所能走到最远。从此,库克走上了一条通过环球航行开展海洋科学考察的人生道路。

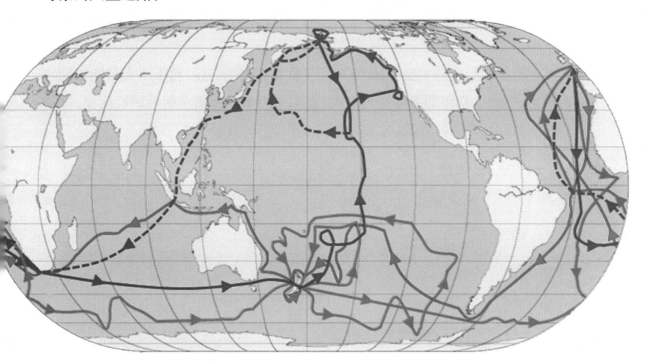

库克的航线　红线为第一次航行路线,绿线为第二次航行路线,蓝线为第三次航行路线,虚线为库克遇难后考察队的航行路线。①

1768—1779年,库克三次率领考察队远赴太平洋海域,开展海洋探险、岸线测绘以及海洋地理环境调查等工作,并取得了丰硕的成果。

1768—1771年航次,他率领科考队完成了对南太平洋金星凌日天象的观测活动;发现并命名了社会群岛;绘制了新西兰群岛的海岸线图;考察了新西兰、澳大利亚以及附近的岛屿、海岸、海峡和海湾的自然地理环境和人文情况;采集了大量的南太平洋地区特有的动植物标本;并对太平洋上最大的珊瑚礁暗礁区——大堡礁海域,进行了海洋环境考察。

1772—1775年航次，他率领科考队向南航行，进入南极圈，考察了南极海域，到达了当时有记载的人类所到过的地球最南端（南纬71°10′海域）；首次完成了人类环绕南极大陆的海上考察，调查了南极冰冻圈的范围，证实了南极大陆的存在；发现、考察了新赫布里底群岛、复活节岛等一系列岛屿；根据这次考察结果，他撰写、发表了有关南极大洋潮汐和海流的论文，以及预防坏血病的论文。

1776—1779年航次，他率领科考队开始寻找从北大西洋向西通往亚洲的西北航道。他带领科考船往南航行，绕过好望角后横渡印度洋，经新西兰进入北太平洋，先后发现圣诞岛和夏威夷群岛，后经北美洲沿岸到达白令海峡，进入北冰洋。在探寻经北冰洋通往北大西洋的航道过程中，考察了阿拉斯加北部海域。当在北冰洋航行遇阻后，考察队返回夏威夷群岛，但库克不幸死于与原住居民的冲突中。

在数十年的航海实践中，库克编绘了许多精确的海图，留下了大量翔实的航海日志，完成了众多的海洋地理发现，发明了用于航海测定船位的经度仪，以及预防和治疗坏血病的方法，为人类的航海事业作出了巨大的贡献。

第三个航次，库克船长率领的"决心号"舰船停靠在塔希提岛Ⓦ

18 世纪末
岩石水成说与火成说之争

18 世纪下半叶,通过野外考察,地质学家在诸多方面已取得很多进展,但地层层序与岩石成因问题仍是一个谜。

维尔纳Ⓦ

1787 年,德国地质学家维尔纳出版了一部仅有 28 页的著作《岩层的简明分类和描述》。他认为,在地球生成的初期,地球表面被原始海洋所覆盖,溶解在其中的矿物通过结晶逐渐形成岩层。后来,在外力作用下大洋洋面下降,水下高地露出形成陆地。他设想,位于地层层序下部的花岗岩、玄武岩等各种结晶岩石是深水沉积物,灰岩和砂岩是浅水沉积物,砂、砾和泥炭之类则是陆地沉积物。维尔纳还认为这个层序适用于全球。

维尔纳自 1775 年起就在弗赖贝格矿业学院(今弗赖贝格工业大学)任教,讲授采矿和矿物学。作为一名教师,他机智善辩,口若悬河,颇受学生拥戴,声誉遍布欧洲。由于他的威望,弗赖贝格矿业学院很快成为当时欧洲的一所名校,大批学生从各地蜂拥而来,跟随他学习。学生们大力宣传维尔纳的学说,从而形成了"水成学派"。

然而,半路出家的英国地质学家赫顿却对此不以为然。赫顿早年曾先后学习法律、化学、医学和农学,1768 年放弃农学,转而从事

赫顿Ⓦ

地质学的研究。1785年,他曾在英国爱丁堡皇家学会宣读论文,提出"均变说"。他认为,现代地质过程在整个地质时期内以同样方式发生过,并且基本上有相同的强度。由于该文实证不多,此后赫顿致力于野外地质考察和资料搜集,来论证自己的观点,并在1788年发表论文《地球的理论》。

赫顿在1795年又以专著形式出版了《地球的理论》一书。他在书中指出,在地表看到的岩石是一系列地质变化的结果,由于内力作用,某些地区可能上升,然后遭受侵蚀;而另一些地区可能下降,成为沉积物淤积的盆地。花岗岩等岩石不可能是在水里产生的,而是与地下的岩浆作用有关,是由高温的岩浆冷却结晶而成。

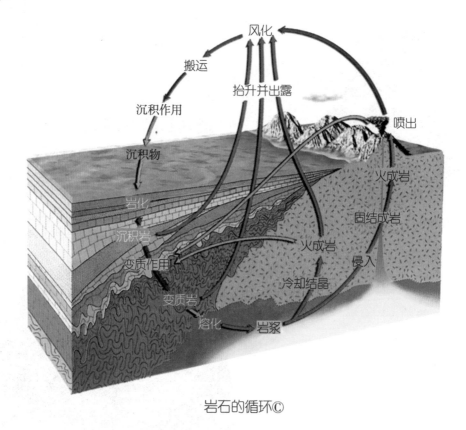

岩石的循环ⓒ

这个学说震惊了地质界,赫顿因此成为火成说的代言人,与水成说者展开了激烈的论争。刚开始,由于赫顿的观点有悖于传统宗教观念,所以水成说占据上风。在争论过程中,各派都倾向于用各自观察到的证据来支持自己的地质理论。在英国爱丁堡召开的一次国际学术会议中,这两个学派在附近的火山脚下,对那里的地层结构成因展开了激烈的现场辩论。由于两派都各持己见,导致双方互相攻击和谩骂,最后竟互动拳脚,演出了科学史上少有的科学家用武力来解

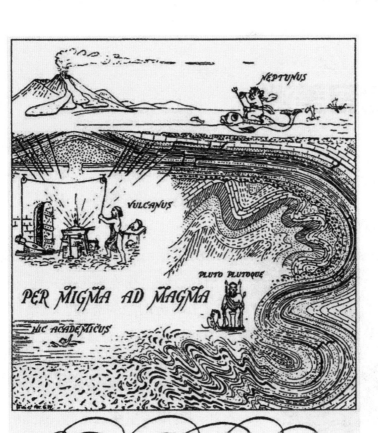

反映"水火之争"的漫画①

决学术问题的闹剧。

　　"水成派"与"火成派"一直争论了几十年。但随着火成说不断得到观察和实验的证实、补充,人们转而开始支持火成说。1830年,英国地质学家莱伊尔吸收并发展了赫顿的"均变说"思想,出版《地质学原理》一书,正式提出了均变论。在书中,他根据成因将岩石分为水成岩类、火山岩类、深成岩类、变质岩类,到这时"水火之争"才平息了下来。应该说,赫顿对陆地形成、消失和再生的观点,最终赢得了广泛的支持,为现代地质学的产生奠定了基础。

　　现代地质学将岩石分为三大类:一类是由岩浆冷却形成的火成岩,如花岗岩;一类是由母岩风化产物及有机物等经流水或冰川搬运、沉积、成岩作用而形成的沉积岩,如石灰岩;一类是由于某种岩石经高温高压等变质作用而形成的变质岩,如大理石。

18世纪末19世纪初
洪堡考察美洲

洪堡℗

亚历山大·洪堡,普鲁士(现代德国的前身)科学家和探险家,现代气候学、自然地理学、植物地理学的创始人。

洪堡出身于普鲁士贵族家庭,从小就对植物、地理、探险等很感兴趣,很早就立下了将来游历四海的志向。洪堡在成名后撰写的回忆文字中,有这样一段对儿时生活的描述:"我在地图上观看陆地和海洋的形状时得到乐趣,想看看那些从不在我们地平线上出现的南天星座。《圣经》插图中黎巴嫩的棕榈树和雪松,激起我到国外旅行的渴望。"

可是洪堡的兴趣未能得到家人的尊重。成年后,根据母亲的意愿,洪堡成为一名矿产检查官。虽然矿产检查官的工作安逸而富足,但是洪堡却整天通过巡视各个矿井,收集自己感兴趣的资料。1793年,洪堡发表了他的第一部著作《弗莱堡的地下植物》。

1797年,洪堡在母亲去世以后辞去普鲁士矿务部的工作,准备外出探险。由于父母给洪堡留下了一大笔遗产,加上变卖房产和土地所得,洪堡准备了相当多的资金作为探险游历的费用。

洪堡最初的计划是跟随一支英国探险队前往尼罗河上游探险,但是由于法国入侵埃及,这次探险计划最终被迫搁置。之后,洪堡前往巴黎探望兄嫂,在那里他结识了年轻的法国植

洪堡和邦普朗在亚马孙河流域探险℗

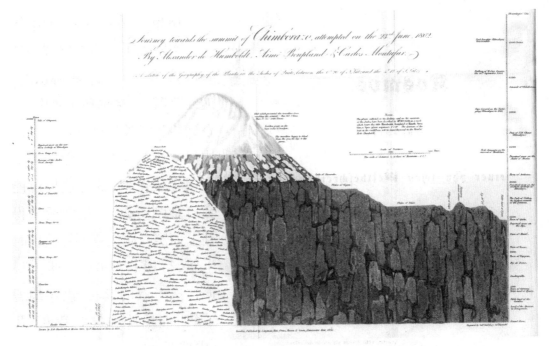

洪堡绘制的一张最著名的钦博拉索山植被垂直分布图①

物学家邦普朗,两人一见如故。洪堡决定自己出资,与邦普朗一同前往南美洲探险。

当时的南美洲主要是西班牙的殖民地,要前往南美洲探险,必须征得西班牙政府的同意。1798年6月,在得到西班牙国王批准后,洪堡和邦普朗乘船前往美洲。同年7月,他们抵达委内瑞拉,开始了美洲探险的历程。在委内瑞拉停留一段时间后,洪堡和邦普朗深入亚马孙流域的热带雨林。他们乘坐独木舟穿行于雨林之中,考察植物和动物,采集制作各种标本。

1800年4月6日,当洪堡一行人正在河上航行时,一场巨大的暴风雨突然降临。印第安船工和向导认定船只必将倾覆,纷纷弃船逃生;洪堡则因为船上载有考察的全部资料和标本拒绝离船。事后,洪堡对这次经历这样描述:"我们的处境的确骇人。最近的河岸离我们有一英里远,河里有一些鳄鱼躺着,半截身体露出水面。即使我们逃过了狂风恶浪和饥饿的鳄鱼而到达岸上,我们肯定也会死于饥饿或被野兽撕成碎块。"幸运的是,适时而来的一阵风推动船只离开了这一水域,洪堡一行人死里逃生,仅损失了几本书和一部分食物。

1804年8月,洪堡在经历了5年的探险旅行后,回到法国,随后开始了长达20年的资料整理和研究工作。在旅居巴黎的20多年间,洪堡根据美洲探险所获的资料,编写出版了《新大陆热带地区旅行记》《自然界景象》《新大陆地理》等著作。

Kosmos.

Entwurf

einer physischen Weltbeschreibung

von

Alexander von Humboldt.

Erster Band.

Naturae vero rerum vis atque majestas
in omnibus momentis fide caret, si quis
modo partes ejus ac non totam complectatur
animo.　　Plin. H. N. lib. 7 c. 1.

Stuttgart und Tübingen.

J. G. Cotta'scher Verlag.

1845.

1845年出版的《宇宙》扉页 P

1829年，60岁高龄的洪堡又一次踏上了探险的旅程。这一次，洪堡一行人从柏林出发，途经莫斯科，穿越乌拉尔山，一直到达当时沙皇俄国与中国的边界。在乌拉尔山，洪堡考察了白金矿产地，认为这里可能会有金刚石，这一论断后来得到了证实。此次亚洲探险历时半年，行程17 000多千米。根据这次考察的资料，洪堡编著了《亚洲地质和气候片断》及《中部亚洲》。

晚年的洪堡致力于《宇宙》这部科学巨著的编撰。这部书共计5卷，为了能在有生之年完成这一宏愿，洪堡日复一日，笔耕不辍。但是即便如此，在洪堡90岁去世时，《宇宙》第5卷仍然没能完成。

洪堡的一生到过很多地方，足迹遍及西欧、北亚和南北美洲，研究内容涉及气候、植物、地理等多个领域。在洪堡生活的时代，科学并不发达，分工也没有现在这样细，学者涉猎面广并不是一件十分稀奇的事，但能同时在多个领域都作出开创性工作的人却不多见，因此气象学、地貌学、火山学和植物地理学等领域都推他为创始人之一。世界上以他的名字命名的有澳大利亚和新西兰的山脉，美国的湖泊和河流，南美洲西岸的洋流，甚至月球上的山等。洪堡一生所取得的辉煌成就与他不畏艰险、勇于探索、细心观察、勤于思考的精神密不可分。洪堡的经历也告诉我们，兴趣是最好的老师，他一生的兴趣造就了科学史上一位伟大的人物。

19 世纪
发现南极大陆

大约2亿年前，今天地球上的所有大陆在那时还是连在一起的一个巨大的陆块，称为冈瓦纳古陆。随后，板块运动导致古陆瓦解，冈瓦纳古陆最南边的一片陆块孤独地漂向南极，这就是今天地球上的南极洲。

南极洲（绿色的部分）①

南极洲陆地总面积约为1239万平方千米，在地球七大洲中位列第五。由于气候原因，南极大陆表面终年覆盖着一层平均厚度2000多米的冰盖，储存了地球上约70%的淡水资源，同时也维系着地球的海平面高度。南极洲四面环海，孤悬于地球的最南端。每年3月到11月的9个月间，整个大陆都被浮冰封锁，船只难以接近。正因为这种自然条件的限制和阻隔，使南极洲成为人类最后认识的一块地球大陆。

南极洲绝大部分位于南纬66°30′以南的南极圈内，人类直到1770年代才到达南半球如此高纬度的地方。第一个越过南极圈的人是英国著名探险家詹姆斯·库克，1772—1775年，库克船队曾经3次往返南极圈。但因极地冰雪的阻隔，库克并没有发现南极洲。

在库克穿越南极圈半个世纪后，一支俄国探险队再次驶入南极海域。这支探险队的总指挥是俄国海军军官别林斯高晋。1819—1820年，别林斯高晋探险队进至南纬69°的海域，几

纪念俄国第一次南极探险的纪念币⑩

乎到达今天南极洲的玛塔公主海岸，但因浮冰阻隔，功亏一篑。1820年底，探险队又一次前往南极。1821年1月，探险队终于看到了南极的陆地，他们将这片地方以当时俄国沙皇的名字命名为"亚历山大一世地"。然而，直到1940年，人们才发现亚历山大一世地实际上应该称为亚历山大一世岛，它与南极大陆之间隔着一条狭窄的乔治六世海峡。

继别林斯高晋之后，英国人比斯科再一次看到了南极的陆地。1831—1832年，比斯科先后发现了南极大陆两个突出的半岛恩德比地和格雷厄姆地。1839—1842年，美国人威尔克斯发现了南极大陆面朝印度洋的大片海岸，今天这一地区被称为威尔克斯地。与此同时，英国探险家詹姆斯·克拉克·罗斯率领探险队数次前往南极，今天南极最大的陆缘冰架和它附近的海域就以罗斯的名字命名。

经过探险家们的不懈努力，南极大陆的轮廓逐渐清晰地呈现在人们面前，至1850年代，连最保守的地理学家也不能否认地球南极存在着大片陆地。但是，对于南极的陆地是否是一个完整的大陆，人们见解不一，因为当时已知所有的南极陆地都是探险者们从海上远远看到的，人们对南极陆地的中心区域仍然一无所知。探险者的下一个使命就是踏上南极的土地，彻底认识这片地球最南端的陆地。

南极冰盖上的企鹅◐

#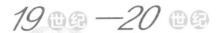

测地球的年龄

　　20世纪以前漫长的5000年历史中，人类对地球的认识处于一知半解的状态，人类没有任何有效的方法确定时间的跨度，所以如何确定地球的年龄成为当时最大的难题。

　　1540年，厄舍尔大主教根据基督教文献记载，得出地球创生的年代，他提出地球创生于公元前4004年10月26日。尽管那个时期的欧洲人普遍接受了基督教的"创世说"（上帝用了6天创造世界），但是一些启蒙先驱们对《圣经》不以为然，认为地球是自然形成的。法国哲学家笛卡尔在1644年出版的《哲学原理》一书中，设想地球可能源自一颗炽热的恒星，这颗恒星冷却后，掉进了环绕太阳的以太旋涡中，变成了地

漫画《地球几岁了？》S

球。另一个法国人德梅耶进而试图根据自然现象来推算地球的年龄，推算的结果要比《圣经》中提到的古老得多。牛顿在1687年出版的《自然哲学的数学原理》一书中，提出物体散热的速率和物体的大小成反比。他为后人计算地球年龄指示了一个重要方向：通过计算地球从最初的炽热状态冷却到现在的温度所需要的时间，就可以知道地球的年龄。法国博物学家布丰用实验来计算地球从一个熔球到冷却到现在的温度所需要的时间，他用10个直径相差半英寸的铁球做实验，把它们加热到通红，然后测量冷却到室温所需要的时间。

漫画《创世说》S

他发现冷却时间和球的直径大致成正比,由此结合地球大小,算出地球从熔球冷却到现在的温度需要约10万年。

如果没有详细的年代学,就没有严肃的历史。19世纪末,人们意识到用时间标定地质年代的重要性。科学界实际上已无人相信地球如《圣经》所记载的只有几千年的历史。各种证据都表明地球的年龄必定非常古老。但是究竟老到什么程度,物理学家和地质学家(以及生物学家)却有不同的看法,为此引发了一场持续几十年的大争论。1859年,达尔文根据河谷侵蚀速率算出白垩纪有3亿年。达尔文由此推断地球的年龄至少有几十亿年,这样生物才有足够的进化时间。英国地质学家乔利采用的另一种估算方法是计算海洋中盐分的累积,他假定海洋中的盐分来自陆地岩石的侵蚀,据此估算出海洋的年龄大约是8000万年到1亿年,由此推论地球的年龄远大于这个数字。英国物理学家威廉·汤姆孙(开尔文勋爵)根据热流理论估算地球冷却的历史,提出地球和太阳是在1亿年前形成的,几年后又修正为0.25亿年前。尽管汤姆孙的估算所用的假设很成问题,数据也很不确定,但是在此后的几十年内却被认为非常权威。毕竟,汤姆孙是当时首屈一指的大物理学家,更何况物理定律是毋庸置疑的。物理定律和地质观察之间"短"与"长"的年代之争持续了四分之一个世纪。

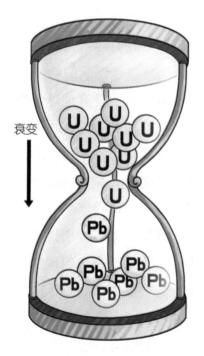

衰变

同位素定年法示意图⑤

1896年,贝克莱尔发现一种铀盐会发出奇怪的且穿透力很强的射线。几年后,居里夫妇、卢瑟福、索第等人发现了放射性现象的本质。这个发现成功地解决了测定地球年龄的难题。

放射性是放射性元素的固有特性,无论该元素以何种状态存在,也无论其存在的外部环境如何,它都会以一种固定的速率分裂瓦解。从该元素形成之时起,它就开始不停地分裂瓦解,数量不断减少。当某种放射性元素分裂瓦解到它初始质量的一半时,所耗费的时间称为该放射性元素的半衰期。任何一种放射性元素的半衰期都可以在实验室中精确测得,而且对于同种放射性元素,其半衰期永远不变。

放射性元素的上述性质使科学家们有可能摆脱地球上各种相互关联的复杂因素的影响,找到一种准确的可以信赖的计时工具,从而测量出地球的年龄。如果我们知道岩石形成之初某种放射性元素的含量,再测量一下现在地表岩石中该放射性元素的含量,查知该放射性元素的半衰期后,就可以通过下面的公式计算出岩石的年龄:

$$t = \frac{T_{1/2}}{\ln 2} \ln \frac{m}{m_0}$$

公式中,t是岩石的年龄,$T_{1/2}$是目标放射性元素的半衰期,m_0是该放射性元素的初始含量,m是该放射性元素现在的含量。

然而,岩石中放射性元素的初始含量往往无法确定,因此上述方法的局限性很大。不过,放射性元素分裂后,会形成一些较轻元素的原子核,利用放射性元素和它分裂产物的含量比值,也可以计算出岩石的年龄。

1905年,英国物理学家卢瑟福首先用这种方法测定岩石的年龄。他的研究对象是放射性元素^{238}U(铀),1个^{238}U原子核经过一系列分裂后,最终形成8个^{4}He(氦)原子核、1个^{206}Pb(铅)原子核和6个电子。他测定一块岩石中的铀及其分裂产物氦的含量,计算出这块岩石的年龄为5亿年。氦是气体,尽管岩石表面看上去很致密,实际上布满孔隙,致使一部分氦从岩石中散逸,导致实际测量得到的氦元素含量偏少。卢瑟福意识到这种误差的存在,于是将目光投向铀的另外一种分裂产物铅。他认为,铅不容易流失,通过岩石中铀铅含量的比例计算岩石的年龄,数据会更加准确。这就是后来广泛使用的铀铅测年法,它的年龄计算公式如下:

$$t = T_{1/2}\log_2(1+\frac{238}{206K})$$

其中,t是岩石的年龄,$T_{1/2}$是^{238}U的半衰期,K是岩石中铀铅含量的比值。可以看到,岩石的年龄只与铀的半衰期和铀铅比例有关,而与岩石中的铀铅绝对质量无关。

在卢瑟福的建议下,美国化学家博尔特伍德通过测量铀

霍姆斯ⓦ

69

矿石中铀铅的比例来计算岩石的年龄。他测量了20多份岩石样本,发现它们的年龄在4亿年到22亿年之间。1913年,英国地质学家霍姆斯的《地球的年龄》一书出版,开始将地质年代表与岩石的放射性测年相结合,开创了年代地层学,让他获得了"地质年代之父"的美称。第二次世界大战后,人们在U-Pb测年方法之外,又发明了Rb-Sr和K-Ar等测年方法,对地球岩石和各种陨石进行年龄测定。最终的结论是,地球的年龄有46亿年。

地球到底有多老?知不知道这一点并不影响我们的生活,却关乎地质学的命运。如果没有一个准确的地质年代表,地质学就永远无法成为一门严谨的科学。人类花费了好几个世纪的时间,才掌握了地质年代的真正本质和各时期的分界。地质学家借助地层和化石的研究将地球的各个时代排列出来,但是地球历史的绝对年代是通过放射性元素测量得来的。人类终于知道地球的年龄有46亿年。这是20世纪最伟大的科学成果之一。

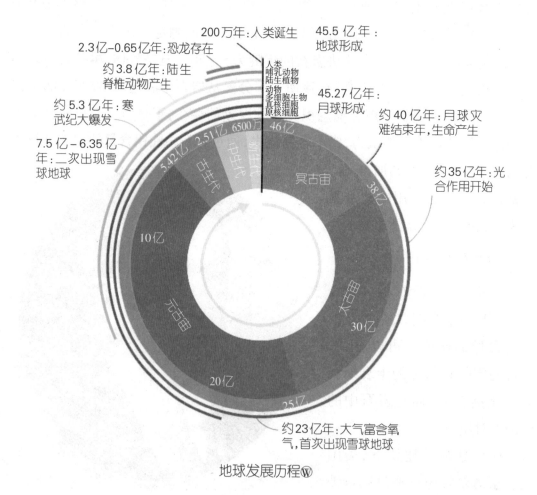

地球发展历程Ⓦ

*19*世纪—*20*世纪
冰期的发现与成因研究

18世纪以来,随着野外考察的不断深入,一些不同寻常的地质现象逐渐引起人们的关注。在斯堪的纳维亚半岛沿岸地区,分布着一系列深深的槽谷,这些深谷深入海洋,形成一个个峡湾。半岛上的芬兰被称为"千湖之国",其上遍布着无数大大小小

冰川漂砾Ⓨ

的湖泊。这一现象在北美大陆北部同样存在,那里的大型湖泊似乎过于密集。在欧洲和北美平原腹地,不时能看到一些孤立存在的巨大的岩石。这些岩石表面光滑,但附近并没有大型的山脉,也没有同样质地的岩层。这些岩石来自何方? 这些地质现象又是如何形成的?

此后的研究表明,这些地质现象都是因为冰川运动造成的。冰川质量巨大,运动过程中,将所经过的岩层剥蚀,形成槽谷或洼地,剥蚀下来的岩石,被冰川包裹,随冰川运动到离母体很远的地方,冰川消融后,海边的槽谷成为峡湾,洼地积水成为湖泊,移动的岩石便留在当地,成为孤立存在的冰川漂砾。然而,在今天的世界上,除一些高海拔山峰外,大面积的大陆冰川只在南极大陆

冰川期想象图Ⓢ

米兰科维奇ⓦ

和格陵兰岛存在，如今的欧洲大陆和北美大陆都没有大陆冰川。这一事实说明，地质历史上，地表温度有过较大的变化，在过去的一些年代里，地表温度显著偏低，以至欧洲和北美大陆被大片冰川覆盖。不仅如此，进一步研究表明，地质历史上，地表温度的冷暖变化曾经有规律地多次出现，科学家们将地表温度明显偏低的时期称为冰期，两次冰期之间气候较温暖的时期称为间冰期。地质历史上最近的一次冰期是在距今1万年前才结束的，我们现在正处于间冰期。

那么，地质历史上为什么会出现这种规律性的冰期和间冰期循环呢？19世纪，英国地质学家克罗尔首先提出，冰期和间冰期的规律性交替可能与地球自身的运动状态有关。克罗尔的理论被地质学家米兰科维奇进一步完善和发展。1930年，米兰科维奇提出冰期循环理论，认为地质历史上的冰期和间冰期交替循环与地球公转轨道和地轴倾角的周期性变化有关。

地球公转轨道平面是个椭圆，其偏心率在0.0005—0.0607之间来回变化，这一变化周期约为10万年。轨道偏心率的变化造成地球与太阳之间平均距离的变化，从而导致地表接收太阳辐射量的变化。地球运动过程中，自转轴也在缓慢地顺时针转动，大约23 000年转动一周。自转轴的转动导致地表一定区域与太阳之间距离的周期变化，从而使这一区域接收的太阳辐射量也呈周期性变化。

目前地球自转轴与公转轨道平面之间存在23.5°的夹角（称为转轴倾角），但这一角度并非固定不变，而是在22.1°—24.5°之间来回变化，这一变化周期约为41 000年。地球转轴倾角的变化直接影响到地表上阳光直射点的位置，从而使某一区域接收的太阳辐射量发生变化。

米兰科维奇的理论迄今还是对地球冰期现象的最佳解释。

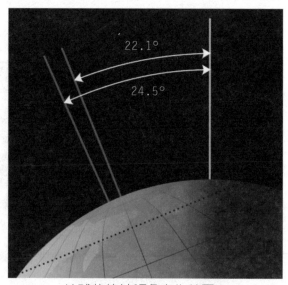

地球的转轴倾角变化范围①

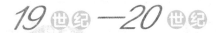 19世纪—20世纪
现代地震监测手段的建立

地震是一种常见的自然灾害。目前，人类尚不能预测地震，但已有足够的技术手段记录地震发生的各种信息。因为并不是所有的地震都能被我们感知，因此记录地震、研究地震就需要专门的地震记录仪器。早在公元132年，中国古代科学家张衡就发明了世界上第一台地震记录仪器——候风地动仪。但是候风地动仪只能记录地震发生的粗略方位，其工作原理、仪器灵敏度等均不可知。现代意义上的地震监测手段是从1880年代出现并发展起来的。

约翰·米尔恩Ⓦ

1880年，在日本东京帝国工程学院任教的英国地震学家约翰·米尔恩和同事一起发明了世界上第一台能够精确测量地震强度的地震仪，这种仪器能检测各种地震波并记录相关数据。不过，人类历史上第一次超远距离的地震记录却是德国人帕什维茨在意外情况下完成的。1889年，帕什维茨在柏林附近的波茨坦天文台安放了一架水平摆测量仪，打算测量因其他行星的运动而引起的地球引力变化。4月17日下午5点21分，水平摆突然剧烈而有规律地摆动起来，绘图仪将这个突发事件记录了下来。帕什维茨当时很困惑，不知道是什么原因导致水平摆如此大幅度地摆动。几个月后，他才从《自然》杂志上了解到，日本发生了一次大地震，地震时间就在他的水平摆大幅度晃动之前约1小时。帕什维茨意识到，他的仪器捕捉到了从遥远日本传来的地震波，这是人类首次用仪器记录到超远距离的地震波。

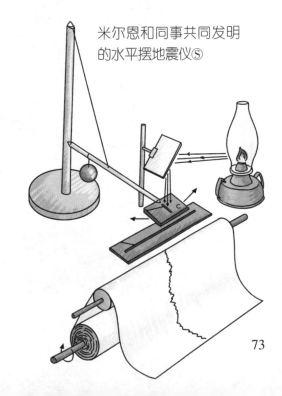

米尔恩和同事共同发明的水平摆地震仪Ⓢ

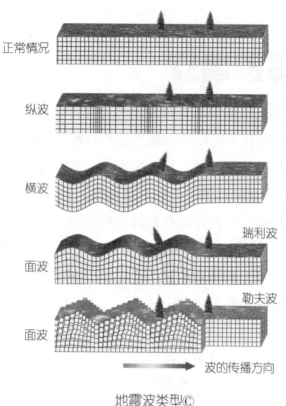

正常情况

纵波

横波

瑞利波

面波

勒夫波

面波

波的传播方向

地震波类型©

1895年,米尔恩在日本的实验仪器毁于一场大火,但他已经掌握了一整套记录地震波的方法。20世纪初,回到英国的米尔恩已经在英联邦各地建立了27个地震观测站。到1913年米尔恩去世时,全世界已经建立了40个类似的地震观测站。1960年代,为进行核试验监测,美国与西方盟国建立了全球地震监测网。这一网络虽然是冷战时代的产物,但它的出现对地震监测和信息共享起到了很大的推动作用。目前,全球地震监测网已有超过150个观测站,通过每秒20个采样点的宽带地震记录仪连续记录全球地震数据。

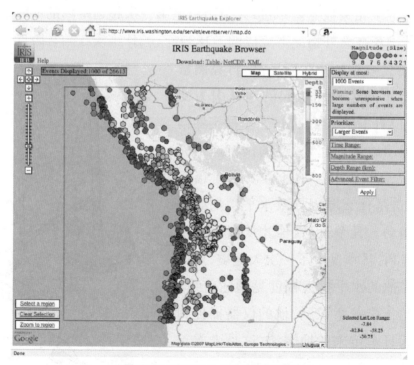

地震学联合研究会的地震浏览器℗

19 世纪 —20 世纪
人类探索北极

19世纪后半叶,随着北极地区探险的深入,人们已经确认,北极点附近并不存在大陆。人们的目光开始关注北极的中心区域——北极点。一方面,这是数百年北极探险中最后的未知区域;另一方面,对欧亚大陆和北美洲高纬度地区来说,穿越极区是彼此沟通的最便捷路线,而开通北极航线需要对北极中心区域有深入的了解。

人类不断向北极点发起挑战℗

第一个对北极点发起挑战的人是英国探险家威廉·帕里。1827年6月,帕里一行人自斯匹茨卑尔根岛启程向北极进发。他们此行的交通工具是船和雪橇。当水面无冰时,他们乘船航行,遇到浮冰阻隔时,便利用雪橇前进。帕里一行人最终到达北纬82°45′的海域,虽然这里距离北极点还有约800千米,但这已经是那个时代人类足迹的最北端了。

帕里创造的记录保持了约半个世纪,其间不断有人向北极点进发,但都因浮冰阻隔而功亏一篑。北冰洋上遍布的浮冰成为探险家们最大的敌人,面对这些难以逾越的自然障碍,北极探险者们在不断努力的同时也开始另辟

南森℗

蹊径。挪威探险家南森曾对北极地区的洋流做过深入研究,他发现北冰洋的主要洋流从西伯利亚沿岸流向北极点,于是他提出一个大胆设想,试图让船只跟随洋流漂向北极点。

1893年6月,南森率领一艘经过加固的船只"弗拉姆号"驶往西伯利亚沿岸。1893年9月22日,"弗拉姆号"被冰封在了西伯利亚沿岸东经133°37′、北纬78°50′的海面上,开始随浮冰一起缓慢漂向北极。1894年底,"弗拉姆号"漂移到了北纬83°24′的海域。但随后几个月中,南森发现浮冰不再向北极漂移。1895年3月,南森和一个同伴决定离开"弗拉姆号",步行前往北极点。一个月后,当他们在北纬86°附近被迫向南撤退时,实际上已经到达了距离北极点仅400多千米的地方。

罗伯特·皮里Ⓦ

第一个成功到达北极点的人是美国探险家罗伯特·皮里。1890年代起,皮里先后多次前往格陵兰岛及附近海域考察,积累了丰富的极地探险经验,今天格陵兰岛最北端的一个突出半岛即被称为皮里地。

1905年,皮里从埃尔斯米尔岛出发,一直行进到北纬87°6′的地方,创造了当时北极探险的新记录。1909年2月,皮里再次向北极点进发。在这次探险的最后阶段,皮里只允许黑人和爱斯基摩人(又称因纽特人)与他同行,因为他不希望与任何白人分享到达北极点的荣誉。1909年4月6日,皮里一行人成功到达北极点。

人们对北极点的兴趣并没有因为皮里的成功而有丝毫减退,征服极地的行为不再简单地视为一种荣誉,更多地被看成是人类对自身力量和智慧的挑战,除了自己的双足,人们也不断尝试以其他方式征服地球的最北端。

早在19世纪末,就有人试图驾驶飞艇飞越北极,但是这些尝试都因极地恶劣的气候条件而夭折。1925年,挪威探险家阿蒙森和美国人埃尔斯沃茨乘坐飞艇到达了北纬87°43′的地方。1926年5月9日,美国海军少将伯德作为领航员与驾驶员贝内特一起从斯瓦尔巴群岛出发,成功驾驶飞机抵达北极点并返回,全程飞行15小时,实现了人类首次空中飞抵北极点的壮举。2天后的5月11日,同样在斯瓦尔巴群岛,阿蒙森和埃尔斯沃茨再次驾驶飞艇飞往北极。这一次,他们成功飞越北极点,72小时后到达美国阿拉斯加州的巴罗角。这次空中探险航程为5400多千米,是人类首次穿越北极的飞行。

1954年1月21日,世界上第一艘核动力潜艇"鹦鹉螺号"正式下水。此后4年间,美国海军对它进行了一系列常规测试,发现其性能优异。为进一步检测核潜艇在恶劣条件下的续航能力,美国海军决定让"鹦鹉螺号"穿越北极。

1958年6月8日,"鹦鹉螺号"自美国西雅图港出发,踏上了北极之旅。6月17日,"鹦鹉螺号"穿过白令海峡,进入楚科奇海。为避免撞击冰层,"鹦鹉螺号"被迫在离洋底仅10余米的深海航行,但即便如此,潜艇离上部的冰山也仅有数米。因为冰层的阻隔,"鹦鹉螺号"被迫返航。7月23日,"鹦鹉螺号"再次踏上了北极的征程。这一次航行非常顺利,8月3日午夜,"鹦鹉螺号"到达北极点,它只用了4天时间就穿越了从阿拉斯加巴罗角到格陵兰海的整个北冰洋。继陆上和空中之后,人类又一次从水下征服了北极。1959年3月17日,美国海军"鳐鱼号"核潜艇由冰下抵达北极点后冲破冰层浮出冰面,实现了人类驾驶的船只首次浮现在北极点海面的创举。

"鳐鱼号"核潜艇在北极点浮出冰面ⓦ

1803年
霍华德对云进行分类

天上的云千姿百态，如妙手丹青为我们呈现出不同的画面：时而像一团团棉花随风飘动，时而像一缕缕轻纱翩翩起舞，时而像滚滚波涛汹涌而来，时而像一座座城堡气势磅礴，时而又像一片片鱼鳞布满天空……它们在为我们展现大自然的美以外，也在为我们揭示大自然难以述说的奥秘。

不同类型的云◎

人们通过长期观察发现，尽管云的形态千差万别，但它们是有一定共性的。1803年，英国科学家霍华德发表了一篇关于云的分类的论文，标志着"描述气象学"的问世。他把云分成三大基本类型，即积云、层云和卷云。他同时还提出了由这三种云交叉、复合而产生的新类型，如卷层云和层积云。他提出，云在气象上有重要的地位，它受诸多大气因素的影响而产生，并随这些因素的变化而变化。云是反映天气变化的一个可见指标。

霍华德对云的分类不仅在科学上产生了重大影响，而且还激发了诗人、画家的灵感。它启发了英国诗人雪莱创作出《云》这首诗，德国诗人歌德则在诗中直接赞美它；19世纪英国最伟大的风景画家约翰·康斯太勃尔的创作也受到很大的影响。

现在通用的国际云图是国际气象组织于1956年公布的，它是以霍华德对云的分类为基础而发展起来的。现行的云图按云的高度，将云划分为高云、中云、低云和直展云4个云族，在此基础上再按云的形状、组成和形成原因把云分成10个云属，分别为卷云、卷积云、卷层云、高层云、高积云、雨层云、层积云、积雨云、积云和层云。

1809 年
拉马克《动物哲学》出版

　　提起"进化"一词，大多数人会很自然地想到达尔文和他的《物种起源》。然而，任何一种新思想和新理论都不可能凭空产生，都有自己的积累过程。早在古希腊时代，进化的思想就已经开始萌芽。文艺复兴之后，随着自然科学的发展，人们逐渐摆脱了以亚里士多德为代表的自然阶梯理论和宗教神学思想的禁锢，认识到宇宙处于发展演化之中。自18世纪后期开始，进化的思想已经慢慢出现，其中最具代表性的是法国博物学家拉马克，他在1809年出版的《动物哲学》一书中最先提出有关生物进化的学说。

　　拉马克生于法国皮卡第。童年时，他遵从父命进入教会学习神学，却一心想当一名军人。17岁时，父亲去世，当时正值普法战争末期，拉马克怀着满腔爱国热情抛弃了神学，加入军队。由于作战勇敢，不久晋升为中尉。战后他因病退伍，22岁回到巴黎。这时，他还是一名自然科学的门外汉。

拉马克℗

　　为了生活，拉马克开始在巴黎一家银行当小职员，工作之余研究气象和天文，并写过几篇论文。后来在大哥的劝导下，他进入医学院学习，认识了当时法国最有名的科学家布丰和哲学家卢梭，这也是拉马克科学生涯的一个重要转折点。卢梭经常带他到自己的研究室去参观，并向他介绍许多科学研究的经验和方法。他们经常结伴到郊外观察植物，采集标本，这为他以后成为博物学家奠定了基础。经过10多年的辛勤劳动，他于1778年完成了三卷本的《法国全境植物志》，当时年仅34岁。此书出版后，受到学术界的高度重视。1779年，拉马克当选为法国科学院会员，并负责皇家植物园的植物标本管理工作。1781年，他以"皇家植物学家"的名义出国考察两年，走访了欧洲许多国家，并在德国、匈牙利、荷兰

和奥地利采集了大量植物标本,结识了许多科学家。这次旅行使他的眼界大大开阔。

1793年,拉马克应聘为巴黎博物馆无脊椎动物学教授,并于1801年完成《无脊椎动物的系统》一书。在该书中,拉马克第一次阐述了生物进化的观点,同时把无脊椎动物分为10个纲,创立了无脊椎动物学。1802—1809年,他完成了33篇关于贝类化石的研究论文,对居维叶提出的灾变论观点进行了批判。1809年,他出版了两卷本的《动物哲学》,进一步系统阐述了他的进化学说,提出了"用进废退"和"获得性遗传"两个法则。他提出,物种是可以变化

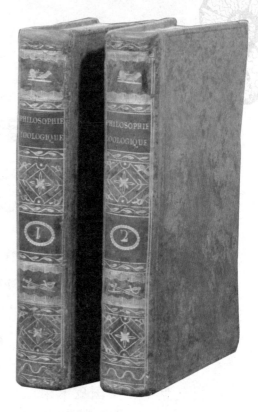

两卷本的《动物哲学》Ⓟ

的,适应是生物进化的主要过程,生物进化源自环境条件对生物体的直接影响。生物在新环境的直接影响下,为了生存会改变习性,那些经常使用的器官会越来越发达,而不经常使用的器官则会逐渐退化。而且,这些后天获得的性状可以传给后代,使生物逐渐演变成新种。其中一个被广泛引用的例子就是:长颈鹿祖先的脖子并不长,后来因为低层的树叶不够吃,它们为了生存只能伸长脖子吃高处的树叶,就这样在环境的影响下,经过世代的积累,长颈鹿的颈子逐渐变长并被遗传下去,终于演化成现代的长颈鹿。

根据拉马克的进化学说推演长颈鹿的进化过程Ⓢ

虽然拉马克的进化理论存在种种不足之处，他提出的上述两个法则迄今尚未有定论，他的理论也带有过于强调动物主观作用的倾向，但他已经触及进化的实质，并把它作为一个完整的理论提出来，这对于后来达尔文提出基于自然选择的进化论有着重要的影响。

拉马克在60多岁高龄时，仍继续潜心研究和写作，于1815—1822年完成了7卷本的《无脊椎动物的自然史》。在这部巨著中，他对当时所知道的无脊椎动物的种类和形态都作了详尽的描述，成为19世纪动物学研究的重要文献。

由于疾病和长期在显微镜下观察标本，拉马克在1819年双目失明。在生命最后的10年中，他在女儿柯丽亚的帮助下，完成了他的重要论著《人类意识活动的分析》和《无脊椎动物的自然历史》的部分卷册。

1909年，在法国举行《动物学哲学》出版100周年纪念活动时，来自世界各国的学者纷纷捐款，为拉马克在巴黎植物园树立了一尊铜像，铜像底座上镌刻着他女儿的献词："您未完成的事业，后人总会替您继续的；您已取得的成就，后世也总该有人赞赏吧，爸爸！"

巴黎植物园中的拉马克铜像Ⓦ

1812年
居维叶提出灾变论

　　熟悉西方历史和对《圣经》有所了解的人，一定知道诺亚方舟的故事：创造世界万物的上帝不满人间暴力横行，决定用洪水消灭恶人。于是他让好人诺亚建造了一艘方舟，并带上他的家人和陆地上每一类动物各雌雄一对登上方舟，然后让特大暴雨下了40个昼夜，洪水漫过所有的陆地，除方舟内的生物外，地上其他一切生物都被消灭掉了。

传说中的诺亚方舟Ⓨ

　　大洪水的故事在西方影响深远，常常被用来解释为何高山上有海生动物的化石，并为后来地质学灾变假说的提出提供了思想基础。经过古希腊哲学家和科学家的发展，到17、18世纪，科学界涌现出许多灾变假说，比如法国博物学家布丰就提出了由彗星撞击太阳形成地球和其他行星的假说；瑞士人邦尼特提出的"灾变—进化"说，认为世界处于周期性的大灾难中，每次灾难都毁灭一切生物，之后会出现更高一级的生物。这些假说大多来自主观臆造，并无太多的客观证据。

布丰Ⓟ

居维叶 ℗

灾变说真正成为科学理论还要归功于法国博物学家乔治·居维叶。居维叶出生在法国东部的蒙贝利亚尔，他自幼颖悟绝人，4岁便可阅读书籍，14岁考入德国斯图加特的卡罗琳学院学习生物学。凭着超群的记忆力、严格的科学训练和对生物学的热情，他18岁便学有所成。1788年，居维叶在诺曼底的一位伯爵家做家庭教师，指导伯爵儿子的学习。伯爵的家靠近大海，为居维叶观察大自然提供了方便。他在这里默默无闻地工作了6年，利用优厚的自然条件，解剖了无数无脊椎动物，并将所有发现全部记录下来汇编成册，这些工作奠定了他的学术基础。他在动物形态学方面的研究成果引起了时任法国自然博物馆动物学教授圣提雷尔的关注，因此他受邀前往巴黎。1795年，居维叶被任命为法国人文学科的负责长官和巴黎中央学校教授，不久后又成为一位比较解剖学家的助手。

居维叶通过比较物种之间的解剖特征，提出了器官相关法则，并创建了动物解剖比较之间的系统性原则和分类性原则，使比较解剖学成为一门独立学科。居维叶自1792年起发表了若干篇非常有价值的论文，1798年发表了一部广为传播的著作——《动物自然史的基本状况》。1800年，《比较解剖学》的第一、二卷问世，1805年第三卷完成。比较解剖学一方面为分类学、古生物学、人类学和生理学的研究奠定了理论基础，一方面又可以让人们根据解剖特征确定所研究生物在进化序列中的位置，确立各物种间的亲缘关系，追溯它们的演化历史。

此外，凭借深厚的比较解剖学知识，居维叶发现许多化石骨骼与现存物种骨骼不同。他在研究了大量化石资料的基础上，整理研究复原了150多种绝灭的生物，在1812年发表了四卷本的巨著《四足动物骨骼化石研究》，创立了古生物

学。居维叶基于比较解剖学的研究打破了林奈的人为分类系统,创立了自然分类系统,推动了生物学的发展。

居维叶在研究脊椎动物化石的同时,还详细研究了巴黎盆地的沉积岩层,发现古老岩层所含有生物化石的原型生物与现代生活着的生物完全不同,而且一定的生物种属总是伴随一定的地层突然消失或绝灭,沉积地层也存在着很大间断。显然,用当时流行的均变说难以解释这些现象。于是,他综合前人的研究,在1812年出版的《论地球表面的革命》中大胆地提出了灾变论,认为地球上曾经发生过多次巨大的灾变,每次灾变都将旧的动物群完全消灭,之后新的动物群又被创造出来。后来,他的学生多宾尼对这一理论作了补充,并计算出地球上曾发生过27次大灾变!

灾变论在地球科学发展史上具有重要影响,用历史比较法把生物学带进地质学,开辟了地质学史上生物地球观的新时代。居维叶的灾变论大大地推动了地质学、古生物学的发展,能够解释和说明许多宏观的地质现象和生物发展史上出现的明显中断,所以当时欧洲许多国家都十分信奉他的灾变理论。

法国国家自然历史博物馆的进化大展馆◑

1820 年
布兰德斯绘制成第一张天气图

　　天气图是标记有各地同一时间气象资料的特制地图。气象资料是气象工作人员测量或追踪到的气压、温度、云量、降水、风向、风力等的相关数据。除了气象资料，天气图底图上还填有各气象观测站的位置，以及主要的河流、湖泊、山脉等地理标志。根据天气学原理和方法，气象工作人员就可以对天气图进行分析，从而揭示出影响我们生产、生活的天气系统，以及天气现象的分布特征和相互关系。天气图是目前气象部门分析和预报天气的一种重要工具。

　　18—19世纪，由于物理学和化学的发展，以及气压、温度、湿度和风等测量仪器的陆续发明，大气科学研究已由单纯的描述进入到可以定量分析的阶段。1820年，德国气象学家布兰德斯根据过去的气象观测资料，将各地同一时刻的气压和风的记录填在地图上，从而绘制成了世界上第一张天气图。天气图的诞生标志着近代气象学研究的开始，现代的天气图就是在此基础上发展起来的。

　　1830年代，美国科学家莫尔斯发明电报，为各地气象观测资料的迅速传递和集中提供了条件，也使绘制当日天气图成为可能。1851年，英国气象学家格莱舍在英国皇家博览会上展出了第一张利用电报收集各地气象资料而绘制出的地面天气图，从而使他成为近代地面天气图的先驱。

　　但真正推动天气预报发展的是1854年黑海发生的一场风暴。1854年11月14日，黑海上发生的一场风暴使英法联军在同俄军的战斗中损失了20多艘舰艇，尤其

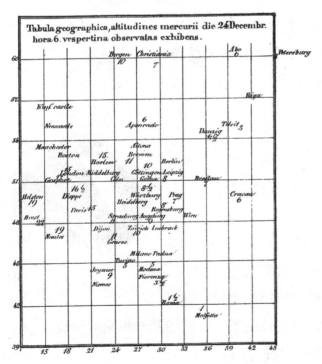

布兰德斯制作的天气图（1826年）℗

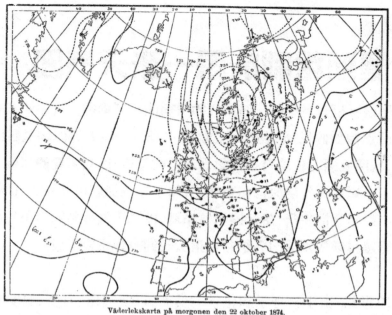

Väderlekskarta på morgonen den 22 oktober 1874.

天气图（1874年绘）Ⓟ

是让法军舰队引以为豪的"亨利四世号"也遭重创而沉没，英法联军因而大败。过后，法国政府请巴黎天文台台长勒威耶总结造成那次事故的原因。勒威耶收集了11月12—16日的气象资料，发现该风暴12—13日还在西班牙和法国西部，14日东移到了黑海地区。若能及时预告风暴动向，就可以避免这样的损失。因此，他提出了组织气象台站网、开展天气图分析和天气预报的建议。法国政府采纳了他的建议，并于1856年组建了气象观测网。从此，绘制天气图成为一项日常气象工作，并陆续推广到各国。

勒威耶Ⓟ

1930年代，高空观测网建立之后，高空天气图由此诞生。现在的天气图按覆盖的范围分，有全球天气图、半球天气图、洲际天气图、国家天气图和区域天气图等。地面天气图每天绘制4次，分别使用世界时00时、06时、12时、18时（即北京时间08时、14时、20时、02时）的观测资料；高空天气图一天绘制两次，使用世界时00时和12时（即北京时间08时、20时）的观测资料。天气图上的气象观测记录，则由世界各地的气象台站用基本相同的仪器，按统一的规范，在相同时间观测后迅速集中而得。

1820 年代—*1830* 年代
大气重力波概念提出

你是否有过这样的经历,在平静如镜的池塘中投入一块小石头,就能看到水面立即被激起一圈圈荡漾的水波?你知道吗,这样的水波就是一种所谓的重力波。除此以外,海浪也是一种最常见的重力波,它们是受风等天气要素的激发,并在重力作用下产生的。

地球上的大气在距离地面不同高度的地方,其密度是不同的——越往高处,空气越稀薄。我们可以把大气层看作是由无数密度不等的层面所构成,具有分层结构。大气中某一层在重力作用下,也会产生重力波,叫作大气重力波,它是发生在大气内部、波长为几千米到几百千米(中尺度)的一种大气波动。例如,我们常看到山后一排排整齐排列的云带,这是气流受山脉的阻挡,在爬坡过山后的下游形成的背风波,它们也是一种大气重力波。

早在1820—1830年代,气象学家就在分析背风波等天气现象的运动过程时提出了大气重力波这一概念。重力波可分为重力外波和重力内波。重力外波发生在两种流体介质的界面上,比如海浪。重力内波则发生在流体介质内,比如背风波,它是局地大气微团受到垂直扰动时所诱发出来的波动。大气微团是大气

荡漾的水波Y

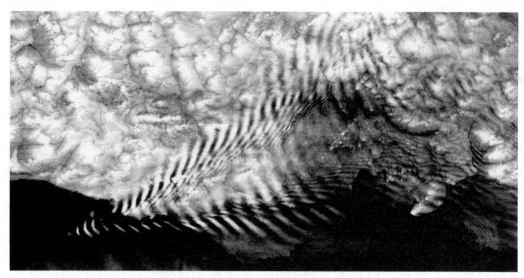

重力波云起伏的纹理源于空气在垂直方向上的振动Ⓦ

中具有确定气象参量(如温度、气压值或风速值)数值的一团很小的空气,整个大气是由无数大气微气团组成的。

在具有稳定的分层结构的大气中,受到垂直扰动的大气微团在偏离平衡位置后会同时受到浮力和重力的作用,从而在垂直方向上发生振动,最终形成向外传播的波动。不过,重力波只能出现在层结稳定的大气中,如果大气层结不稳定,则会形成对流。

科学家研究发现,中尺度大气动力过程有许多与重力波活动有关。例如,在针对暴雨的研究中,研究人员发现许多中尺度雨带,其尺度、周期、传播速度和结构都与大气重力波非常相似,所以他们认为伴随大气重力波出现的中尺度垂直运动(重力波脊区的上升运动)对暴雨的形成可以起到触发作用(见下图)。图中A区上空有一稳定层,由于地形强迫抬升或地面空气辐合上升,在此形成大气重力波;当它传播到不稳定的B区上空时,所伴随出现的中尺度垂直运动便可能触发B区潜在的不稳定能量的释放,从而形成对流,于是在B区形成雨带。

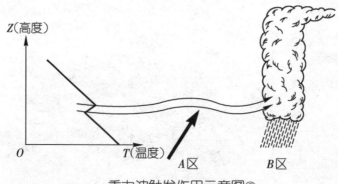

重力波触发作用示意图Ⓢ

1822 年
曼特尔发现恐龙化石

恐龙绝对是古生物中最耀眼的明星，这只要从人们喜爱《侏罗纪公园》系列电影的狂热度就可以知道！而在现实生活中，我们在许多自然地质类博物馆中也可以与那些奇形怪貌的庞然大物来一个"亲密"接触，只不过我们看到的是古生物学家找到的恐龙化石。那么，人们是怎样发现这些化石的？既然恐龙生活的时代远远早于人类出现的时间，人们又是怎么判断它们就是恐龙化石的呢？

电影《侏罗纪公园》的宣传海报ⓒ

其实，人类发现恐龙化石的历史最早可以追溯到 2000 多年前，而真正开始对恐龙进行科学性的研究，要从 1822 年英格兰人基德安·曼特尔发现恐龙化石算起。

曼特尔生于英格兰南部东萨塞克斯郡的刘易斯镇，年轻时是镇上的一名执业外科医生。行医之外，他对地质和古生物有着浓厚的兴趣，特别喜爱收集和研究化石，甚至还出版过一些地质类专著。因为丈夫的耳濡目染，曼特尔的妻子玛丽安也成了一位化石"专家"。

据说，1822 年 3 月的一天，在曼特尔出诊期间，怀着两个月身孕的玛丽安在家闲着无事，就到房前池塘边散步，不经意间，她在一块岩石的断面上发现了几个非常圆润光滑的凿子状东西。出于女性特有的敏感，她把这些化石小心翼翼地撬了出来。当曼特尔回家后看到这些化石时，兴奋之情溢于言表。根据自己所掌握的知识，他推断这些长达数厘米、一侧具有凹槽的化石，应该是动物的牙齿化石。

山东诸城恐龙博物馆原地保存的恐龙化石①

　　随后，他又在发现化石的地点附近找到了许多这样的牙齿化石和一些骨骼化石，但却始终无法弄清它们到底是属于什么动物。

　　为了搞清楚这一问题，曼特尔委托好友把其中一颗牙齿化石与部分骨头带给法国博物学家居维叶鉴定。居维叶经过观察，断定牙齿为犀牛的上门齿，而骨骼则是河马的。曼特尔对这个答复不甚满意，又将化石送给英国牛津大学的巴克兰鉴定。巴克兰听说这些化石已经由居维叶鉴定过，就不再提出异议。

　　固执的曼特尔仍不死心。后来，他在伦敦亨特瑞安博物馆遇到了27岁的博物学家与地质学家斯塔奇伯里，斯塔奇伯里认为这块牙齿化石有点像鬣(liè)蜥(但其实二者没有任何关系)，于是曼特尔将这种动物命名为"牙齿像鬣蜥的动物"(iguanodon)，译成中文就是"禽

禽龙长达10米，它们是草食动物②

龙"。由于曼特尔撰写的关于禽龙的论文引爆了古生物学家对这种动物的关注和认识，因此他被公认为恐龙化石的第一个发现者。

但是很可惜的是，作为当时英国最大的化石收藏家，曼特尔因为执着于寻找化石而无法兼顾自己赖以生存的医生职业，导致他后来债务缠身，最后连妻子也带着4个孩子离他而去。1852年11月10日，曼特尔因无法忍受病痛和来自学术界的迫害，吞下了高剂量的鸦片而亡。根据其遗愿，他的25 000余件化石标本卖给了伦敦自然史博物馆；他因车祸而变形的脊椎被取出来送到亨特瑞安博物馆供研究。可以说，他的一生全都献给了博物学。

值得一提的是，在曼特尔发现禽龙化石的同时，另一位古生物学家威廉·巴克兰也发现了

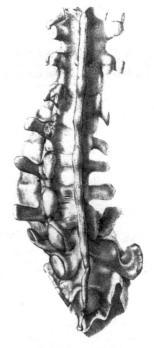

保存在博物馆中的曼特尔的脊椎W

一个与禽龙同时代的生物的化石，并命名为"巨齿龙"。然而，他们都没有把自己发现的生物当作是一类全新的动物来认识。直到1842年，英国古生物学家理查德·欧文经过研究，认为这是一类以前从来没有发现过的史前生物，并将它们命名为Dinosaur，意思是"恐怖的蜥蜴"（中文译为"恐龙"）。

后来，随着科学研究的不断深入，科学家发现恐龙化石几乎遍布地球的各个角落；恐龙生存了1.6亿年之久，在当时的陆地上是最优势的类群。因此，中生代又被称为恐龙时代。

博物馆中的恐龙骨架①

1830—1833 年
赖尔的"均变论"思想和"将今论古"原则

今天地球的面貌,包括海洋和陆地的分布以及各种地质景观,都是地球系统在过去数十亿年间不断运动变化的结果。如果将地球46亿年的历史视为一天的24小时,那么只是在这一天的最后一分钟,人类才出现在地球上,地球系统的绝大部分运动,都是人类出现之前的事情。即便人类出现之后,与大自然朝夕相处,在人们有限的生命历程中,也基本看不到地质现象的明显变化过程。一部分人因此笃信宗教,相信上帝创造了今天地球上的一切。还有一些人试图探求地质现象背后的奥秘。

查尔斯·赖尔⑫

19世纪以前,古生物化石已经被大量发现,许多闻所未闻的生物进入人们的视野。当时,人们还不知道地球有这么悠久的历史,人们很难理解,在一个不算很长的历史中,怎么会出现这么巨大的变化?因此,人们普遍相信,这些巨大的变化源于一次次突发的灾难,这一学说称为"灾变论",其代表人物为法国博物学家居维叶。

而在1790—1830年那个被称为地质学家的时代里,还有另一种论点,认为地质变化是一个长期、平稳而缓慢的渐变过程,漫长的时间足以使微小的改变逐渐积累,产生惊人的效果,其代表人物就是英国地质学家查尔斯·赖尔。

"就像1642年伽利略逝世的同年牛顿诞生,后者使前者的力学得到发展那样,1797年伟大的赫顿逝世,同年赖尔诞生,并进一步发展了前者的业绩。"科学史学家的这段话,足以说明赖尔在地质科学形成中的作用。赖尔出生于苏格兰,1814年进入牛津大学,学习古典文学和数学,并选修了昆虫学课程。在大学期

赖尔绘制的地质结构水彩素描图℗

间,《地质学引论》一书使他对地质学着了迷。赖尔从 20 岁起开始地质考察活动,多次勘察欧洲和美洲,地质过程的缓慢变化给他留下了深刻印象。他认为地壳的变化是一个十分漫长的自然过程,与《圣经》上说的洪水无关。他强调"现在是了解过去的一把钥匙",主张地质历史时期的事件无论在量方面还是质方面都

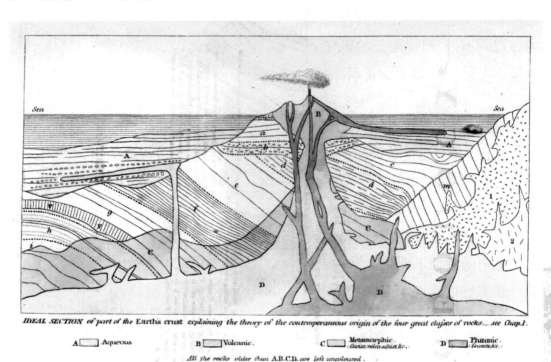

1857年美国出版的《地质学原理》扉页上的插图℗

与现在无异。1826年,赖尔被选为英国皇家学会会员。

1830年1月,赖尔出版了《地质学原理(第1卷)》这一划时代的巨著,1831年该书第2卷出版,1833年第3卷出版。这部书彻底终结了流行已久的"灾变论",奠定了现代地质学的基础。赖尔认为,地球的历史非常悠久,地球的运动自地球诞生后一直在持续,今天的地球仍然像过去一样在不断地运动,只不过运动的过程非常缓慢,造成的变化非常细微,短时间内人们很难看到明显的差别。赖尔反对"灾变论",认为今天看来的巨大变化,只不过是过去漫长时间里,无数细微变化积累在一起的结果,他的这一理论被称为"均变论"。赖尔还认为,地球今天的运动和过去的运动,在规模和频度上是一致的,通过研究今天地质景观的变化趋势,便能还原出过去地球的变化过程。这一观点称为"将今论古"原则,它为地质学的研究提供了一把钥匙,使我们能通过对今天有限时空的研究认识地球过去数十亿年的演化历程。今天,世界屋脊喜马拉雅山仍在以每年数厘米的速度增高,我们没能目睹它的隆起过程,但通过它今天的变化趋势,我们仍然能够知道,它何时从海底隆起,如何成为世界第一高山。

赖尔的"均变论"思想启发了著名的生物学家达尔文,后者提出生物进化理论,认为生物物种的形成和灭绝都是一个极其漫长的过程。不过,根据今天的研究成果,"均变论"并非完全正确,地质历史上的确存在一些大灾变现象,比如6500万年前导致恐龙迅速灭绝的灾变。目前学术界普遍认为,地球系统的运动以均变为主,也存在局部甚至全球性的灾变事件。灾变和均变是地球和生命演化中的两种不同状态,应该统一起来进行认识,不可偏废一端。

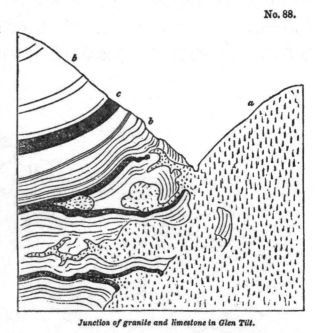

No. 88.

Junction of granite and limestone in Glen Tilt.

a, Granite.　　　b, Limestone.　　　c, Blue argillaceous schist.

《地质学原理》中的插图℗

1836 年
爱伦贝格描述钙质超微化石

一说起化石,我们的脑海中会立即浮现出三叶虫、菊石、恐龙、剑齿虎和猛犸象等形象。其实在现实世界中,科学家找到的化石往往是破碎而零散的。从某种程度上讲,化石无处不在。地球表面的岩石有近80%都是沉积岩,沉积岩中就可能有化石,只是很多化石我们无法用肉眼分辨。这些化石通常被称为微体化石,它们形体很小,一般需要用物理或化学方法才能将它们从岩石中分离出来,或将化石磨制成薄片在显微镜或实体显微镜下进行观察。常见的微体化石有介形虫、轮藻、有孔虫、放射虫、鞭毛虫,以及植物的孢子和花粉等的化石。微体化石在石油地质、海洋地质和其他钻井勘探事业中具有重要作用。

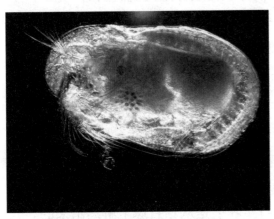

电子显微镜下的介形虫①

微体化石一般为毫米级,虽然它们已经够小了,可还有更小的微米级的化石——超微化石。超微化石的直径仅为头发丝的十分之一,要借助扫描电子显微镜才能对它们进行观察研究。超微化石可以分为钙质超微化石和硅质超微化石两大类。硅质超微化石种类不多,常见的有硅鞭毛藻。大部分超微化石是钙质的,它们种类繁多、数量极大,在地层中分布广泛,直径通常仅有1~30微米,大的可达50~60微米。

钙质超微化石的来源以超微浮游生物为主,其中以颗石为代表。颗石是颗石藻身上的骨骼,直径1~15微米。颗石藻是一类具有鞭毛的单细胞生物,其直径3~35微米。若干颗石覆盖在颗石藻细胞的外膜上,构成一个颗石圈。钙质超微化石中还有一些与颗石类大小相近、通常又共生在

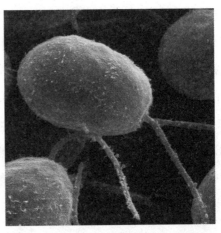

电子显微镜下长有鞭毛的衣藻⑩

科学家在用扫描电子显微镜工作◎

一起的钙质化石,如盘星类和微锥类。这些绝灭生物的亲缘关系至今还未查明,不过许多科学家认为它们和颗石藻属于同一类单细胞生物。

虽然对超微化石的研究通常需要借助于扫描电子显微镜,但它们最早被发现的时间却要追溯到扫描电子显微镜发明之前的100多年。1836年,德国生物学家爱伦贝格首次宣布波罗的海沿岸吕根岛的白垩纪地层里有一种很小的、由扁椭球体组成的盘,由于不明其性质而称之为岩乳矿物。他在1840年发表的著作中描述了很多类似的标本,1854年改称之为"形石"。直到1872年他依然认为这些扁椭球状钙质体是无机成因的。

1858年,英国著名博物学家托马斯·亨利·赫胥黎也曾宣布在铺设第一条横越大西洋的海底电缆时,在深海软泥里发现了许多类似爱伦贝格描述过的小钙质片体,并将之定名为"颗石",从此颗石的名称沿用至今。与爱伦贝格一样,赫胥黎也认为颗石是无机来源的。

19世纪中叶之后,人们通过研究逐渐发现,颗石是具有生物性质的、极其微小的生物体。1860年,英国生物学家沃利奇在观察北大西洋海底沉积物时,除了观察到颗石外,还发现了许多由颗石连接而成的小球形体,并首先取名为"颗石球"。第二年,他确认前人所描述的颗石实际上是从颗石球上解离出来的。几乎同时,英国显微镜和地质学家索比在英国的白垩纪地层中发现了保存完好的颗石球,证明了白垩纪的形石和现代颗石一样皆是颗石球的组成部分。他还根据颗石球在偏光镜下独特的光学性能,认为它们是独立的有机体。沃利奇在1863—1877年间发表的一系列著作,论证了颗石的生物特性,尤其是在1865年,他宣布在印度洋和大西洋热带水域中发现了活体颗石藻,从此,颗石的有机来源得到了确认。

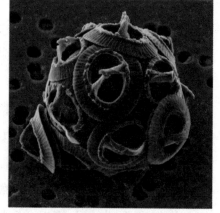

电子显微镜下的颗石藻◎

1842 年
达尔文提出珊瑚礁成因的沉降说

美丽的珊瑚礁奇景Ⓨ

提到珊瑚礁,我们非常容易联想到世界著名的旅游胜地马尔代夫和斐济,每年数以千万计的游客去到那里观赏千姿百态的珊瑚奇景。全球珊瑚礁主要分布在热带和亚热带的温暖海域,总面积约60万平方千米,虽然仅占海洋总面积的0.2%,却有数万种海洋生物生活在这里。因此,珊瑚礁又被誉为海洋生物的乐园。

在茫茫大洋中,珊瑚礁与其他类型的岛屿在形态上有很大的区别,往往以环状、带状等形式出现。对于这种现象,很多科学家都开展过考察和研究,英国著名生物学家达尔文是最早对这一特征给出科学解释的人。

环状珊瑚礁Ⓨ

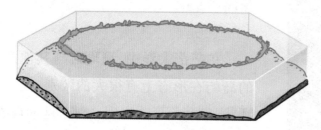

达尔文的珊瑚礁沉降成因学说示意图⑤

1831年，刚从剑桥大学毕业的达尔文以博物学家的身份搭乘英国海军"贝格尔号"考察船，开始了历时5年的航海探险和环球考察。达尔文随"贝格尔号"先后到达了太平洋的加拉帕戈斯群岛、大溪地、科科斯群岛，以及印度洋的查戈斯群岛、毛里求斯等地，考察了许多不同类型的珊瑚礁群。通过大量的观察、对比以及查阅文献，达尔文于1842年出版了《珊瑚礁的结构与分布》一书，提出了有关珊瑚礁沉降成因的学说。他在该书中系统地提出：珊瑚礁是由腔肠动物门的珊瑚虫和藻类共生所形成的，由于藻类的繁殖需要光合作用，所以珊瑚礁只能在透明度较高的浅海中生长；珊瑚礁根据与岸线的关系可分为岸礁（如中国台湾的恒春半岛）、堡礁（如澳大利亚的大堡礁）和环礁（如马尔代夫群岛）。

达尔文进一步提出沉降成因说，认为珊瑚礁的发育一般要经历三个阶段：第一阶段，海底火山喷发形成高出海面的火山岛，之后珊瑚虫可能在火山岛的四周建成一个环形的珊瑚礁；第二阶段，火山岛缓慢沉降，珊瑚礁向上生长，因为礁体外缘的海况条件更好，导致珊瑚礁外缘的增长速率高于内侧，珊瑚礁与海岸逐渐分开，中间以潟湖相隔，形成堡礁；第三阶段，火山岛全部沉入海中，珊瑚继续向上生长，进而形成环绕潟湖的环礁。然而该学说发表后100多年时间里，一直未得到证明。直到第二次世界大战后，1950—1952年，地质学家在马绍尔群岛的比基尼岛和埃尼威托克环礁进行钻探，对所获岩心进行分析，才最终验证了达尔文的珊瑚礁沉降成因学说。

*1851*年
傅科用单摆实验证明地球的自转

地球始终围绕一个贯穿其南北极点的虚拟地轴自转,自转一周的时间大约是24小时(准确的时间是23小时56分4秒),也就是地球上的一天。今天的小学生都对这个事实了如指掌,但是你亲眼看到过地球在自转吗?如果我们身处太空,静止不动,距离地球也不太远,才能亲眼目睹地球在自转。直到1960年代载人航天器出现,才终于有极少数人有幸在太空中看到地球。

傅科展示傅科摆Ⓦ

地球赤道周长约40 000千米,自转一周24小时,线速度约463米/秒;即便在南北纬60°这样的较高纬度地区,自转线速度也能达到232米/秒。生活在地表上的人们日复一日以这种近乎子弹般的速度运动,但在过去绝大部分时间里,人们对此都浑然不觉。原因就在于我们与地球同在一个参照系中,虽然大家一起在高速运动,但人与地球之间并没有明显的相对运动。随着天文学的发展和天文观测技术的进步,很多天象观测都表明地球在自转,但是人们却始终无法在地球上找到地球自转的证据,这一僵局一直持续到1851年才被打破。

1851年,法国物理学家傅科在巴黎先贤祠最高的圆形穹顶下架起一只巨大的单摆,摆长67米,摆锤重28千克,摆锤下端有一个尖细的指针。单摆的下方是一个铺满细沙的直径6米的沙盘。根据物理学的惯性原理,摆锤摆动的平面位置不会变化,单摆运动后,摆锤下方的指针在沙盘中来回划过,最终将留下不断

巴黎先贤祠圆形穹顶下的傅科摆⑩

重叠的一条划线。但是，1851年的这一天，人们却看到了完全不一样的情景。单摆每一次摆动，其轨迹相较上一次摆动，都会有一些向左偏移。也就是说，单摆运动的轨迹线不再重合，而是不断缓慢地逆时针转动。

是牛顿运动定律出了问题，还是傅科摆出了问题？其实二者都没有问题。傅科在设计单摆时，有意采用了万向轮的悬吊装置，这样即便屋顶悬吊点发生转动，单摆运动状态也不会受到影响。事实上，傅科摆始终在一个固定的平面内来回摆动，它的运动状态不受地球的影响。只是因为地球的自转效应，导致傅科摆下方的沙盘不断顺时针转动。周围的观察者与沙盘同处于地表之上，一同顺时针转动，所以感觉不到沙盘在转动，相反，从自己的参照系看，傅科摆在做逆时针方向的转动。

由于地球的自转，除南、北极两点外，地表上任意一点，都受到离心力的影响。离心力平行于纬线圈向外，除赤道外，它们都可以分解为两个方向的分力，一个分力垂直于地表切线向上，一个分力平行于地表切线指向赤道方向。正是

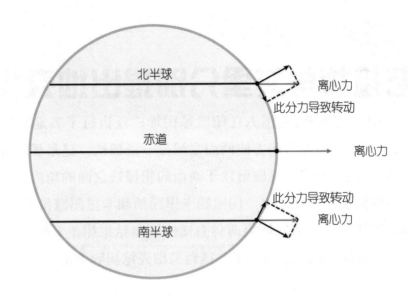

地球表面不同地点的离心力示意图①

后一个分力导致了傅科摆沙盘的转动。

在北半球,傅科摆沙盘顺时针转动,看上去摆线在逆时针转动;在南半球,傅科摆沙盘逆时针转动,看上去摆线在顺时针转动。赤道处,离心力最大,但不存在导致偏向的分力,所以,赤道处的傅科摆理论上不会出现摆线转动现象。南北极点处,不存在离心力,傅科摆摆动平面与地球自转平面垂直,地表沙盘随地球24小时转动一圈,摆线轨迹也24小时转动一圈,每小时转动15°。如果地球自转一周以24小时计,赤道与极点间任意位置运动的傅科摆,摆线每小时转动的角度可以用$\theta=15°\sin\varphi\cdot t$公式计算出来,其中$\varphi$是傅科摆所处的纬度值。可以看出,纬度越高,摆线每小时转动的角度越大,转动的周期越短。

傅科以一个精心设计的单摆,在有限的空间内向我们展示了两个不同参照系下物体的运动,通过看似矛盾和违背逻辑的现象,呈现出地球自转的结果。人类以自己的智慧之光,看到了我们脚下转动的地球。今天全世界各大科学博物馆中,几乎都展示着一个永不停歇的傅科摆。当人们置身在宏大的建筑物内,目睹一只巨摆庄严肃穆地往复摆动,无视周围世界的喧嚣,默默显示着大地的转动,能深深体会到其彰显出的一种科学的崇高之美。

1854—1855年

普拉特与艾里分别提出地壳均衡模型

19世纪早期，英国人在印度殖民地广泛进行了大地测量和制图。众所周知，地球表面南北方向上的两点之间是一条弧线。这条弧的弧度角就是两点之间的纬度差。因此，纬度取决于两点的铅锤线之间的角度。大地测量所要求的基本数据是弧度和距离。印度的卡里昂纳和卡里昂普位于同一条经度线上，两地之间的纬度差测量值用两种方法的测量结果相差 1.45×10^{-3} 度，相当于150米。导致误差的原因引发了一场有关地壳结构的争论。

人们从牛顿时代就知道，地球上任何两个物体之间，都存在着引力。如果一个物体像喜马拉雅山那么巨大，那么它对其他物体的引力应是相当可观的，所以不能排除这种效应引起误差的可能性。因为卡里昂纳位于喜马拉雅山南麓，铅锤线将会由于喜马拉雅山的引力而向山脉方向偏斜，虽然偏斜很小，但毕竟不是严格垂直的。这也许就是大地测量产生误差的原因。

卡里昂纳和卡里昂普之间纬度差的天文测量结果如上图中的角1。因为喜马拉雅山的引力，铅锤要稍微向着山脉方向偏斜，因此用铅锤进行大地测量所取得的结果如上图中的角2，与天文法的测量数据有所差别。普拉特计算了喜马拉雅山的引力的理论值，他假定地下物质的密度是各处一样的。

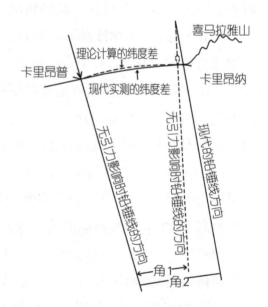

喜马拉雅山的拉力作用⑤

计算结果表明，铅锤向山脉方向的偏斜应当是实际值的3倍。而根据实测结果求出的偏斜值较小，使他想到喜马拉雅山下岩石物质的密度要比印度地下物质的密度小，这样，它对铅锤的引力就会减少。普拉特认为，喜马拉雅山下地壳的密度要比印度下面的地壳的密度小。最初，他用地球物质在山脉部分膨胀、在海洋部分收缩来解释这一密度差；后来，他又用漂浮平衡

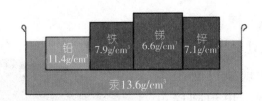

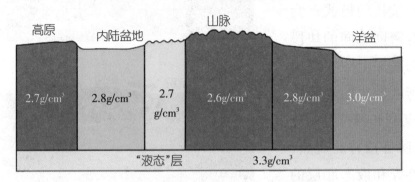

普拉特提出的地壳均衡模型示意图❶

的思想来进行解释。上图所示为密度不同的金属的漂浮块,基本上反映了漂浮平衡的思想。

　　普拉特撰文发表了自己的观点,英国皇家学会会志的编辑出面请皇家宫廷天文学家乔治·艾利对此发表评论,他却提出新的看法。艾利认为地壳在各处的密度都是一样的,引起喜马拉雅山下较轻物质过剩的原因,是那里的地壳较厚,取代了密度较大的底层物质。艾利的模式一直被比作冰山在海上的漂浮平衡,地壳较厚的山脉和地壳较薄的海洋处于均衡状态,就像浮在海上的较大的冰山

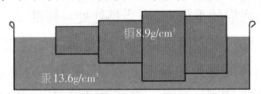

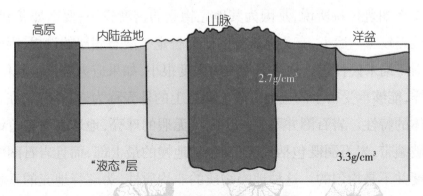

艾利提出的地壳均衡模型示意图❶

和较小的冰山一样,底层的重量和应当是处处一样的。

漂浮平衡现象可能是客观存在的。这一思想同样也可以用于普拉特的模式。为什么不能有密度不同的块段浮在液态的底层上呢?高山就可以是密度较小的地壳块段。因此,艾利和普拉特的分歧在于:按照普拉特的观点,分开固态外壳和液态底层的界面是水平的。这个界面,也被一些科学家称为均衡补偿面。反之,按照艾利的意见,分开二者的界面乃是地表地形的放大了的镜像。山越高,它的"根"也就越深。因此,均衡补偿面就应当是最深的"根"的面。在这个面以上,地

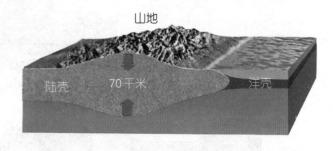

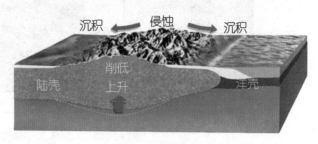

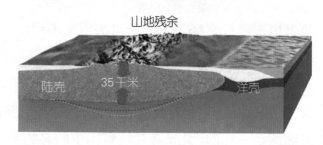

山地持续侵蚀时的地壳均衡ⓒ

壳块段与液态底层的重量和,应当是处处一样的。

到20世纪初,人们用仪器可以测量重力加速度的微小差别,山脉的引力也可以用自由落体的重力加速度来测量,称为重力测量。重力测量的结果可以用来验证地球外壳的漂浮平衡。重力调查证明,山脉下面物质的质量确实要"少"一些。要么如普拉特所说,是因为其地壳物质的密度较小;要么如艾利所说,是因为其地壳较厚。后来,有关地震波的研究否定了液态底层的设想,因此巴利尔用软流圈一词来代替它。软流圈物质的强度很小,如果应力缓慢地起作用,它像液体一样,能够承受很小的应力。软流圈之上的外壳称为岩石圈,它在各方面都具有固体的特性。岩石圈并不是一个完美无瑕的球壳,地球表面有着许多大断层和大破裂带,岩石圈既包括地壳,又包括地幔的最上部,而且岩石圈中地幔物质的密度并不是均匀的。这种地幔物质的非均质性,为解释地壳的垂直运动提供了新的可能性。

1856年
发现尼安德特人遗骨

　　杜塞尔多夫是德国西部的一个小城市，其名字来自于流经这里的杜塞尔河，意思是"杜塞尔河边的村庄"。她虽然名气不大，却是一个美丽的地方，以至于诗人海因里希·海涅曾这样表达对她的喜爱之情："杜塞尔多夫市真美，如果在远方想起它或者偶然出生在此地，那么心情多么美妙……"

　　除了海涅的赞美之外，杜塞尔多夫还有悠久的举办博览会和展览会的传统，早在1811年，这里就首次举办了一个工业和手工业的展览。据说拿破仑在展览期间访问杜塞尔多夫时，曾情不自禁地赞叹："啊，这里真是一个小巴黎！"

　　其实，真正让杜塞尔多夫闻名世界的，是这里曾发现了尼安德特人的头骨化石，它们的名字就来源于杜塞尔多夫附近的尼安德特河谷。

　　让我们将历史的时针拨回到1856年……

　　在尼安德特河谷一个泥盆纪石灰岩采石场上，工人们在清理岩洞时发现了一些头骨碎片。要知道采石场工人可不是现代的考古学家，他们在石灰岩上工

美丽的杜塞尔多夫市Ⓨ

出土于法国圣沙拜尔的尼安德特人头骨◎

作的方式是用镐和铲大力敲砸，能保留下任何化石都属不易。工人们把这些碎片交给采石场主，采石场主认为这些骨头是熊的。后来，这些骨头被交到当地的一个老师卡尔·富尔罗特的手中，他认为这些骨头应该属于有点不太寻常的人类。之后，关于这些骨头的争议一直不断，例如解剖学家乌尔姆·沙夫豪森等人视这些骨头的主人为最早定居在欧洲的古人；而德国著名病理学家、政治家和社会改革家鲁道夫·魏尔啸却坚持认为它们是因疾病导致变形的现代人的骨骼；一个法国人类学家认为它们可能是一个凯尔特人的头骨；最不可思议的是一个德国人认为这是车尔尼雪夫将军的一个哥萨克部下的头骨，而车尔尼雪夫将军所带的那支部队曾于1814年前往法国时曾在杜塞尔多夫附近驻扎过。

在尼安德特的发现很快在英格兰引起了极大的反响，以托马斯·亨利·赫胥黎为首的一些英国学者开始支持沙夫豪森的说法，认为这些头骨更像是猿的。爱尔兰地质学家威廉·金在一次英国科学促进协会的发言中提议为这些头骨的主人建立一个新种类——尼安德特人，尼安德特人的名字自此确立下来。1913年，法国人类学权威马塞林·布勒发表文章，宣布根据对1908年在法国南部圣沙拜尔村附近山洞里发现的一具保存完整的尼安德特人男性老人的骨架的研究，认为尼安德特人是原始的、野蛮的穴居人。

再之后的半个多世纪内，随着更多的尼安德特人化石被发现，人们才逐渐弄清他们真实的样子。大多数尼安德特人的身体构造与现代人十分接近，只是他们的骨骼更粗壮，有着更为强壮的肌肉。与现代人相比，尼安德特人头骨的额部低平，眉脊粗壮，头盖骨也比较厚，但他们的脑容量已经和现代人差不多了。1984年，美国的科学艺术家马德内斯重新复原了尼安德特人的形象，改变了长期以来人们对尼安德特人形象的一些误解。

到目前为止,科学家在欧洲和西亚的很多地方都发现了尼安德特人的化石,包括英国、法国、德国、西班牙、克罗地亚、以色列、巴勒斯坦和伊拉克等地。根据已经找到的化石记录,科学家一般认为尼安德特人生活的年代大约从30万年前开始,他们是典型的狩猎采集者,能捕猎野鹿、野牛,甚至犀牛、猛犸象等大型动物。他们会使用火,会利用自然资源制作工具和武器,建造居住地以及安排自家的空间,而且有自己的文化,比如照顾老人和病人,有埋葬死人的仪式和其他葬礼习俗。

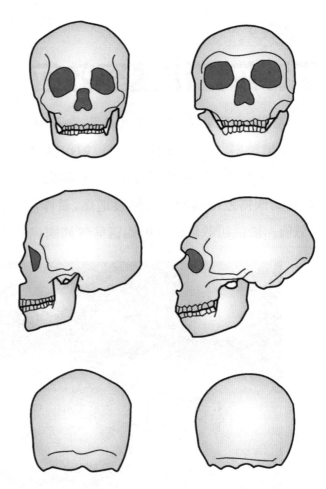

尼安德特人(右)与智人(左)头骨对比图①

尼安德特人最晚出现在大约3.5万年前,之后再也没有发现他们的身影,他们的消失也引发了种种争论。有化石证据表明,在他们逐渐灭绝的初期,现代人开始抵达欧洲大陆,与尼安德特人同时生活了很长一段时间。目前,大多数学者认为,尼安德特人是由于竞争不过新来的现代人而灭绝的;但也有学者猜测是因为他们同现代人之间进行了通婚,最后自然融合为一个种。2010年,科学家通过从尼安德特人遗骸中提取DNA,证明尼安德特人和拥有现代人特征的早期人类有混血的历史,这说明尼安德特人的血液一直在现代人体内流淌着。

最后不得不说的是,虽然现在人们一般将尼安德特人的发现定于1856年,但实际上,1830年人们在比利时、1848年在直布罗陀的采石场就已经发现过同样的化石,而且直布罗陀发现的头骨比在尼安德特发现的还要完整。1997年,科学家在尼安德特进行了重新挖掘,竟然发现了属于1856年出土的骨架的骨骼。

1859 年
丁铎尔提出温室效应

地球表面吸收太阳短波辐射后,会向外发出长波辐射。大气几乎不吸收太阳的短波辐射,所以太阳的短波辐射可以畅通无阻地抵达地面,但大气中的水蒸气、二氧化碳、甲烷、氧化亚氮等气体强烈吸收地面和大气向外发出的长波辐射,从而使得近地面的大气温度增高,其作用类似于栽培农作物的温室,故称温室效应。而能吸收长波辐射的这些气体则称为温室气体。

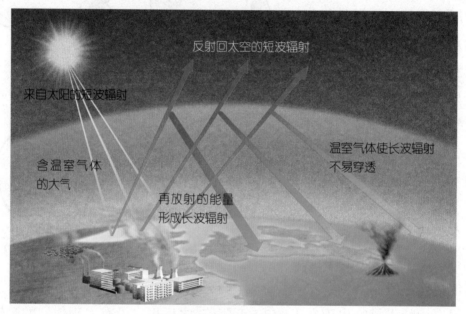

温室效应产生的机制©

早在1679年,法国物理学家马略特便通过实验指出,火光可以穿过玻璃,但火产生的热辐射几乎不能穿过玻璃。1824年,法国数学家、物理学家傅里叶则提出,地球大气层可能是一个隔热体,它可以阻止地球表面的热量散失。由此,他第一次提出了温室效应这一概念。

1850年代末,英国科学家丁铎尔开始研究空气成分对辐射的作用,经过反复的实验,他得出结论:地球大气中的热是空气中各种成分吸收辐射热的表现,这个辐射热称为红外辐射。他利用测量装置得到了空气中各种成分吸收的长波辐射的频率范围,这一成果是早期研究中具有里程碑意义的工作。1859年,他首次正确测量了氮、氧、水蒸气、二氧化碳、臭氧、甲烷等气体对红外辐射的吸收

约翰·丁铎尔℗

能力。他指出,水蒸气是空气中吸收红外辐射和影响空气温度的主要气体。其他气体的吸热能力相对较小,但并不是微不足道的。他进一步指出,任何吸收红外辐射活跃的大气成分,如水蒸气和二氧化碳,在量上的变化都能够导致气候变化。在丁铎尔之前,人们就普遍猜测,地球大气具有温室效应,但丁铎尔是第一个证明它的人。他因此被后人誉为"温室效应理论之父"。

19世纪末,瑞典化学家阿伦尼乌斯率先意识到,工业活动特别是煤燃烧引起大气中二氧化碳浓度的升高,与不断上升的全球地面温度有重要关系。他通过计算得出,如果人类燃烧化石燃料——石油、煤和天然气等,使得大气中的二氧化碳浓度加倍,则全球的平均地面温度将上升5—6℃。这个结论与现代的计算结果大体相当。他同时指出,大气中二氧化碳含量如果增减40%,则可能触发冰期的进退。

1938年,英国工程师卡伦德证实了地球确实在变暖,在之前的50年里,全球平均气温上升了大约0.3℃。卡伦德的计算数据来源于世界各地气象站公布的气温,他的研究完全依靠手工计算的方式。之后,他还通过计算发现,二氧化碳浓度加倍可使全球平均地面温度上升2℃,且极地增温明显。他的研究结果与现代气候敏感性的研究结果十分一致。1957年第一次国际地球物理年期间,夏威夷的莫纳罗亚和南极分别建立了二氧化碳测量站,由此揭开了全球气候变化研究的序幕。

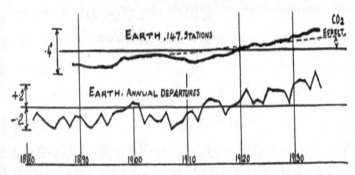

FIG. 4.—Temperature variations of the zones and of the earth. Ten-year moving departures from the mean, 1901-1930, °C.

卡伦德绘制的地面温度变化图(1938年)℗

1866 年
跨大西洋海底电缆铺设成功

19世纪初,随着工业革命的发展,处于资本主义早期阶段的欧美国家对通信交流的需求迅速增长,传统的邮件已不能满足社会生产的实际需要。1844年,美国发明家莫尔斯等人首次完成用电报进行远距离通信的实验,极大地唤起了人们尽快实现越海跨洋电报通信的热情。

铺设海底电缆的"大东号"设备船Ⓦ

1851年11月,世界上第一条海底电报电缆在英国多佛到法国加来之间的海峡开始铺设,并获得成功。随后,美国商人菲尔德提出了建设联通欧洲和美洲大陆的跨大西洋海底电缆的宏伟设想。他选择英国的北爱尔兰和加拿大的纽芬兰作为海底电缆在大西洋两岸的登陆地点,因为两地之间不仅距离较近,而且水深较浅,海底地形相对舒缓平坦。1857年,横跨大西洋的海底电缆开始铺设。然而,由于工程浩大、施工条件恶劣且缺乏技术经验,这项工程多次中断。1858年8月,第一条跨大西洋海底电缆铺设成功后,运行仅6个星期就因故中断;1865年第二条海底电缆开始铺设,但在铺到四分之一距离时因电缆断裂而废弃;1866年,菲尔德等人又组织第三条海底电缆的铺设工作,由英国物理学家威廉·汤姆孙主持电缆沉放工作,最终获得成功。汤姆孙也因此被授予"开尔文勋爵"的封号。

威廉·汤姆孙在船上主持电缆沉放工作ⓦ

　　大西洋海底电缆的成功铺设是人类建设跨大洋的洲际通信网络的开始。1870年代,通信光缆的研制成功,使海底光缆得以大量使用,通信流量突飞猛进,互联网通信也迅猛发展。此后,越来越多的海底电缆把五大洲完全连接起来,人类社会也因此快步进入信息化时代。此外,在前期的铺设实验中,人们还发现洋底是不平的。而且,600多米的深海海底还有生物,这些认识改变了以往深海是死亡世界的认识。

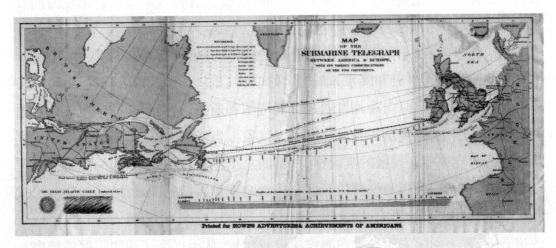

大西洋海底电缆铺设路径示意图ⓦ

1869年
阿贝开始编发每日气象报告

气象报告是天气预报早期的形式。人们通过将观测到的各种气象资料绘制成天气图，经过对其进行分析后对未来天气作出预报。1869年，美国气象学家阿贝便开始尝试向美国俄亥俄州辛辛那提商会编发每日气象报告，从而开创了面向公众的天气预报。

阿贝℗

1871年，阿贝被任命为美国国家气象局首席气象学家，当时气象部门是美国陆军通信部门的一部分。他认识到，预报天气需要广泛而协作的团队，为此他招募了20个气象观测志愿者，并使用观测仪来收集和报告各观测站的天气状况。所有数据编成代码后通过电报汇集到一起，然后由专人将数据填到天气图上，经分析后便可用来预测天气。1871年2月19日，阿贝亲自做了第一份正式的气象报告，接着，他又独自继续预测接下来6个月的天气，同时培训他人来做这项工作。

为了确保气象资料的准确性和及时性，他要求各个站点都使用统一的计时系统。为此，阿贝把美国划分为4个标准时区，要求各种气象资料在指定时间发出。

阿贝还要求在气象报告中使用精确的语言，并确保每个报告包括4个关键的气象要素，即天气（云和降水）、气温、风向和气压。为了获取欧洲的气象数据，作为交换，阿贝还定时向海外发送每日天气图和通报，这为后来的全球气象数据共享作出了示范，并提供了经验。在编发气象报告的同时，阿贝通过与实际天气状况进行对比来验证预报的准确性，并不断总结经验，以提高预报的准确性。

此外，他意识到观测仪器的好坏直接影响观测数据的准确性，从而会对天气预报质量造成很大的影响，因此他不断对仪器进行校准，并招募人员对仪器进行改进，还购置不同国家的先进观测仪器进行比较，从而提高了观测数据的精度。

1872—1876 年
"挑战者号"进行环球海洋科学考察

人类在掌握了航海技术后,就不断向海洋进军,开始了征服海洋的历程。1405—1433 年,中国明朝的航海家郑和率领船队 7 次横渡印度洋;1492—1504 年意大利航海家哥伦布 4 次横渡大西洋,并到达美洲;1519—1522 年葡萄牙航海家麦哲伦等完成了人类历史上第一次环球航行;1768—1779 年英国航海家库克在海洋探险中最早进行科学考察,取得了第一批关于大洋表层水温、海流等资料。然而,现代海洋学研究的真正开始却被认为是"挑战者号"环球科学考察的顺利完成。

英国皇家学会旧址(1873年)Ⓦ

18 世纪后半叶,英国为了保持在海洋科学研究中的领先地位,英国皇家学会会员、生理学家卡彭特等人,向英国政府提出在大西洋、太平洋和印度洋开展环球海洋科学考察的建议。1872 年,英国皇家学会将英国海军移交的"挑战者号"炮舰改装为科学考察船,并装备 6000 英寻(约 11 千米)的测深缆、4000 英寻(约 7.3 千米)的采样缆,以及多个船载实验室。"挑战者号"是一艘木制的三桅蒸汽动力机帆船,船长约 69 米,排水量 2306 吨,航行动力为 1234 马力(约 91 万瓦)。

1872年12月21日，由英国博物学家查尔斯·汤姆孙担任科考队队长、英国探险家奈尔斯担任船长，以及6名科学家和243名船员组成的"挑战者号"远洋科考队，从英国朴茨茅斯港出发，开始了为期3年5个月的环球海洋考察。考察期间，"挑战者号"考察船航行68 890海

英国"挑战者号"考察船Ⓦ

里，先后在大西洋、印度洋、太平洋等多个海域，完成362个站位上的水深测量、水温测量、水样采集、底质取样和生物拖网采样等，共获得深海动物标本7000余件（包括4717个海洋新物种），海洋底质样品12 000余份。"挑战者号"考察船于1876年5月24日返回英国。

在此后长达23年的时间里，先后有76位科学家对"挑战者号"所获得的资料和样品进行整理、分析和研究，编写了50卷总计2.95万页的调查研究报告。负责整理、编辑该报告的海洋学家——约翰·默里将其描述为"自15、16世纪的著名发现后，对我们星球的了解上最伟大的进步"。"挑战者号"海洋科学考察取得了丰硕的科研成果：新发现4400多种海洋动物，包括夏威夷群岛北方海域5500米深处以下的动物；首次采集到海底锰结核；发现深海软泥和红黏土；第一次使用颠倒温度计测量了海洋深层水温及其季节变化；验证了海水主要化学成分含量比值的恒定性原则；测得了马里亚纳海沟的深度数据，并绘制了大洋海底起伏变化的等深线图；编绘出第一幅世界大洋海底沉积物分布图，等等。

"挑战者号"环球海洋科学考察是历史上首次系统的综合性海洋科学考察，所获得的成果极大地丰富了人们对海洋的认识，为近代海洋物理学、海洋化学、海洋生物学和海洋地质学的建立和发展奠定了基础。"挑战者号"也代表了人类对未知世界无畏探索的精神，因此后来的美国阿波罗17号登月船组的通话呼号被确定为"挑战者"，美国的第二艘航天飞机也被命名为"挑战者号"。

"挑战者号"环球海洋考察极大地提高了人们对海洋的兴趣。此后，德国、挪威、丹麦、瑞典、荷兰、意大利、美国等许多国家都相继派遣调查船进行环球或区

域性海洋探索性航行调查。第一次世界大战以后,海洋学研究开始由探索性航行调查转向特定海区的专门性调查。

我国在海洋科学考察方面起步较晚。2005年4月,"大洋一号"科学考察船从青岛起航,历时近300天,横穿太平洋、大西洋、印度洋,圆满完成我国首次环球大洋科学考察。这次环球科学考察是继郑和下西洋后,中华民族在国际航海史上的又一次伟大创举,同时也标志着我国海洋科学研究步入世界先进国家行列。

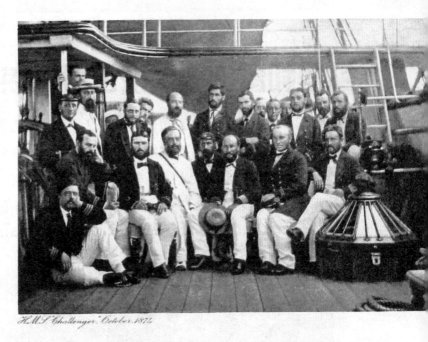

1876年,"挑战者号"考察船上部分成员合影(前排左四:科学家汤姆孙;前排左六:船长奈尔斯)Ⓦ

"大洋一号"科学考察船Ⓒ

1891年

默里和雷纳德编成世界深海沉积物分布图

在日常生活中,如果房间一段时间无人居住,也无人打扫,就会沉积下一层尘土。同样,在海洋诞生以来的数十亿年,在这一漫长的地质年代中,由河流和大气搬运至海洋的物质,以及海水中自身沉降的物质,在海底也形成了厚厚的一层物质。科学家将其统称为海底沉积物,俗称为"海底泥巴"。

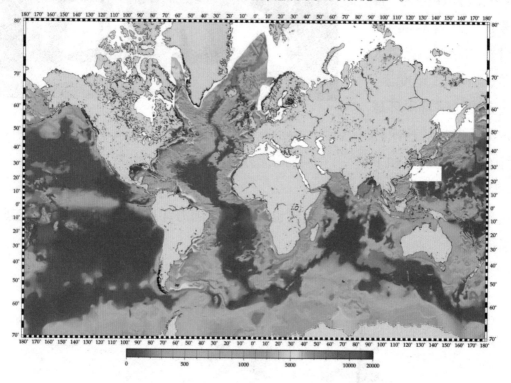

全球海洋海底沉积物厚度分布示意图(单位:米)①

人类对于海底沉积物进行系统的探测工作,始于19世纪中后期,其代表人物是约翰·默里。1872年,默里在参加"挑战者号"环球海洋科学考察时,就承担了海底沉积物的研究工作。1876年3月,在"挑战者号"的海上考察工作仍在进行的时候,默里在英国皇家学会会刊上发表了历史性的海洋科学文献《远洋沉积物、表层微生物与海底沉积物及脊椎动物的关系》。1891年,默里与比利时地质学家雷纳德合作撰写了《海洋沉积》一书。该书首次编制了世界深海沉积物分布图,并对发现的深海生物软泥和红黏土等进行了分类和描述。它的出版标志着近代海洋地质研究的开始。

箱式采集器采集海底沉积物样品①

随着对海底沉积物研究的深入,科学家发现海底沉积物其实并不全是"泥"。其来源复杂、类型多样,且成分差别非常巨大:既包括被我们称之为"泥巴"的生物软泥和火山喷发物,还包括各种生物的遗骸、碎片,以及在海水环境中形成的富含金属的特殊物质。

海底沉积物的研究成果,对人类的生产和生活提供了很多有益的帮助。在海洋建设方面,对于海底沉积物土力学性质的研究可为海底电缆和输油管道的铺设、石油钻井平台的设计和施工等海洋开发前期工程提供重要科学依据;对于海底沉积物形成环境的研究,可为石油等海底沉积矿产的生成和储集条件提供重要资料;海底沉积物是地质历史的良好记录,运用"将今论古"原则对它加以研究,对认识海洋的形成和演变具有重要意义;最为重要的是,海底沉积物还是巨大的资源宝库,其中蕴含着储量惊人的金属矿产资源,如红海的多金属软泥,其分布面积达85万平方千米,其中锌和铜的含量分别高达11.4%和2.22%。由于海底沉积物具有如此大的战略与资源价值,因此各国均大力开展海底沉积物分布特征的观测与性质的研究,争取将研究成果造福于人类。

1891 年
杜布瓦发现爪哇人头盖骨化石

就在人们还在为尼安德特人的身份争论不休的时候,在距离尼安德特千里之外的荷属东印度(即现在的印度尼西亚)的爪哇岛上又传来了惊人的消息——荷兰年轻的随军外科医生杜布瓦在这里首次发现了猿人的一个头盖骨,古人类学再一次引爆了公众的热情。

年轻时的杜布瓦Ⓟ

1858 年,杜布瓦出生于荷兰的阿尔斯登。在身为药剂师的父亲的鼓励下,他从小热爱博物学。1884 年,杜布瓦毕业于阿姆斯特丹大学,获得医学博士学位,专业为解剖学,并于1886 年成为该校的解剖学讲师。在任职期间,他开始对人类起源问题产生兴趣。1887 年,杜布瓦加入荷兰军队,以随军医生的身份前往荷属东印度,在苏门答腊岛开始挖掘工作,寻找早期人类遗迹。后来,听说有人在爪哇岛上曾发现过人类头盖

爪哇岛上的火山Ⓨ

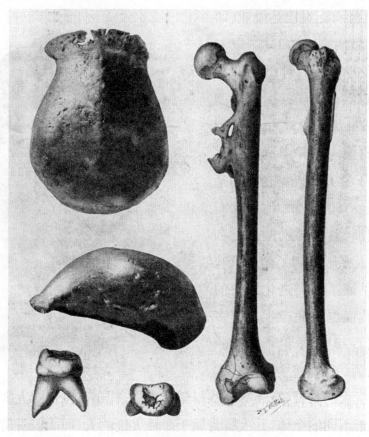

杜布瓦发现爪哇人化石Ⓦ

骨,所以1890年,他将工作重心转移到了爪哇岛。

爪哇岛位于印度尼西亚西部,是一个东西最长约1000千米、南北最宽约200千米,北临爪哇海、南依印度洋的海岛。爪哇岛境内火山成群,频繁的火山喷发致使大量火山灰沉积在火山之间的盆地里。这些沉积物生成的肥沃土壤,为岛上亿万生物的生存繁衍提供了良好的基础,而火山的喷发经常又会将周围生活的生物突然掩埋起来,日积月累就形成了丰富的化石资源。此外,爪哇岛上还有一条自西南向东北顺着火山之间滚滚而下,最后注入爪哇海的河流,名为梭罗河。沿着梭罗河两岸分布着很多古人遗址,这为探索人类起源和进化提供了珍贵的实证。

在这里,杜布瓦带领工人发掘并最终发现了爪哇人化石。最初,杜布瓦的发掘工作主要集中在森林地区,之后便转移到更开阔、更易到达的地区。1890年,他的工人在梭罗河岸边发现了保留了3颗牙齿的、具有人类特征的部分颌骨。1891年秋,他们在特里尼尔村附近发现了一颗灵长类的臼齿,10月发现了一个完整的头盖骨,1892年8月又发现了一根几乎完整的左大腿骨。

1894年,杜布瓦在巴达维亚(印度尼西亚首都雅加达的旧称)以专题论著的形式出版了对化石的描述,将发现的化石所属的生物类型命名为 *Pithecanthropus erectus*,意为"直立站立的猿人",并声称这些化石代表了介于猿类和人类之间的某种过渡类型。1895年秋,他踌躇满志地返回欧洲,宣传自己的化石和理论。很多人亲眼目睹了他从爪哇岛带回的、见证了人类进化历史的真实材料,然而也因此产生了很多不同的观点,一时间争论不休。一些反对者认为,爪哇直立猿人其实

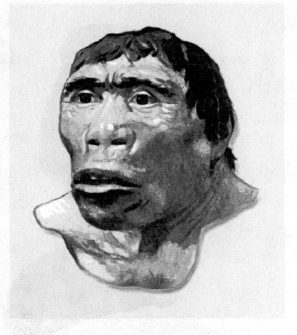

爪哇人头部复原图℗

仅仅是一种巨大的长臂猿;还有一些科学家宣称,杜布瓦发现的大腿骨和头盖骨实际上来自于不同的个体,其大腿骨属于一种灭绝的人,而头盖骨属于一种灭绝的猿;另外一些人则只是简单地否定他的主张,不认为该标本代表了一种"过渡型的灵长动物"。1900年,杜布瓦厌倦了这种讨论,将化石藏在家中。

1923年,杜布瓦迫于多年的压力,才将化石再次公开。随着1929年和1936年北京人头盖骨被发现,以及1930年后,在爪哇岛又发现了其他爪哇直立猿人化石,科学界才开始接受爪哇人属于人类家族,归属于直立人。然而,直到生命的终点,杜布瓦一直坚持自己的观点,认为他发现的这一生物既不是人,也不是猿,而是介于从猿到人进化过程中的中间类型。

关于爪哇人,杜布瓦做过很多相关的研究,其中最重要的是关于体重和脑重之间关系的研究。杜布瓦曾经提出过这样的假设,如果动物大脑异乎寻常地大,它们也会更加聪明。为此,他和一些学者收集了很多动物大脑容量与体型大小的数据,通过与爪哇人颅骨化石和体型大小进行比较,希望寻找它们在智力水平上的高低差异。1897年,阿姆斯特丹大学授予他植物和动物学荣誉博士学位。1899年,他成为该校的晶体学、矿物学、地质学和古生物学教授。1928年,他正式退出所有研究工作。1940年12月16日,他在荷兰哈勒姆的家中去世。

20世纪
人类探索南极

　　1899年，南极大陆首次留下了人类的足迹，以英国生物学家博赫格列文克为首的一支英国探险队在维多利亚地的阿代尔角度过了人类在南极大陆上的第一个冬天。这次探险活动的成功激励了其他的极地探险者。1902年1月，英国探险家斯科特驾驶"发现号"轮船再次来到阿代尔角，并带领探险队在南极度过了两个冬天，他们详细考察了维多利亚地和罗斯冰架，为将来冲击南极点的探险活动作好了准备。

斯科特Ⓦ

　　人类首次冲击南极点的尝试开始于1908年。这年10月，新西兰探险家沙克尔顿率队自罗斯冰架边缘向南极点进发。沙克尔顿探险队以马拉雪橇作为交通和运输工具，事实证明这是一个错误的选择。在探险的最后阶段，所有马匹都因缺乏干草料而死亡，探险队员们只好自己拉着雪橇前进。沙克尔顿探险队最远到达了南纬88°23′的地方，距南极点仅有100多千米，但是暴风雪、食物匮乏和体力不支等诸多因素阻止了探险队继续前进的步伐。沙克尔顿探险队的探险活动尽管没有成功，但是这次尝试证明，只要做好充分准备，完全有可能从罗斯冰架出发到达南极点。

　　1906年，挪威人阿蒙森在成功开通北极西北航道后，计划继续向北极点发起冲击。1909年，正当阿蒙森准备就绪时，他听到了美国人皮里成功征服北极点的消息。与此同时，他还得知英国人斯科特正在组织一支探险队，准备前往南极。于是，阿蒙

阿蒙森Ⓦ

阿蒙森的探险队到达南极点，并在南极点插上了挪威国旗Ⓦ

森果断改变计划，率领探险队前往南极，希望赶在斯科特之前率先到达南极点。1911年10月，阿蒙森一行人自罗斯冰架东端出发，于1911年12月14日成功到达南极点。阿蒙森在南极点的冰雪上树起一面挪威国旗，然后迅速北返，胜利完成了人类首次征服南极点的壮举。

斯科特的探险队Ⓦ

维维安·富克斯(中)率队穿越南极℗

斯科特探险队于1911年到达南极,同样在10月向南极点发起冲击。与阿蒙森不同,斯科特探险队沿罗斯冰架西部边缘前进。由于途中暴风雪的阻挡,斯科特一行人直到1912年1月17日才到达南极点。

斯科特和4个同伴在南极点处发现了一个多月前阿蒙森留下的挪威国旗和一封信,其失望之情可想而知。斯科特一行人就这样怀着失落与悲壮的心情踏上了漫长的归途。为保证回程途中食物与燃料供给,探险队在沿途设立了10个物资储存点。不幸的是,离开南极点后不久,5个人就遭遇了长时间的极地暴风雪。队员埃文斯最先去世,严重冻伤的探险队员奥茨主动出走,试图将生的希望留给3个同伴。遗憾的是,极地的风雪仍然夺去了另外3位探险队员的生命。1912年11月,一支搜索小分队找到了斯科特等人的遗体,他们所在的位置离最近的物资储存点仅10多千米。

斯科特的探险日记结束于1912年3月29日。在这天的日记中,他这样写道:"……我们应该坚持到底,但我们的身体已经虚弱到了极点,悲剧的结局很快就会到来,也许我已经不能再记日记了……看在上帝的份上,务请照顾我们的家人。"小分队将斯科特等人的遗体就地掩埋,这些勇士们最终长眠在了他们为之

奋斗和神往的地方。斯科特探险队书写了人类南极探险史上最悲壮的一页,尽管他们没能获得第一个到达南极点的荣誉,但这种英勇无畏的精神本身就是人类征服自然和挑战自我的最高境界。

在人类徒步征服南极点18年后,人们又一次从空中穿越了南极点。美国海军军官伯德在1926年成功飞抵北极点后,随即开始准备飞越南极的探险活动。1929年11月,伯德成功飞抵南极点,然后安全返回,全程共飞行19个小时,完成了人类飞行史上的又一次壮举。

1958年至1959年间,英国地质学家和探险家维维安·富克斯率领一支由12名成员组成的科考队自威德尔海南面的菲尔希纳冰架出发,穿越南极点后,到达罗斯海的麦克默多海湾,完成了人类首次穿越南极大陆的壮举。富克斯科考队历时99天,行程4000多千米,用自己的足迹证明南极洲是一块完整的大陆。

1989年7月27日,一支由来自美国、英国、法国、苏联、日本和中国共6个国家的6名成员组成的科考队从南极半岛北端的海豹岩出发,穿越南极点,于1990年3月3日成功到达南极大陆东海岸边的苏联科考站——和平站。此次行程共5896千米,是人类迄今穿越南极大陆最漫长的一次旅程。参加这次科学考察的6名科学家中有中国著名冰川学家秦大河,拥有五千年文明史的中国人终于在15世纪后的人类探险史上铭刻下了自己的名字。

阿蒙森—斯科特南极科考站Ⓦ

20世纪 地球圈层结构的发现

在地球体积已知的前提下，人们又通过重力测量算出地球的密度约为5.5克/立方厘米。随着科学探测技术的不断发展，新的问题又产生了：通常从地球表面采得的岩石密度仅2.5—3克/立方厘米，也就是说地球的单位质量远比地表岩石的大。因此，地球的深处一定存在更重的物质，其密度远远高于地表常见的岩石的密度。正是因为地球平均密度与地表岩石密度的不一致，促使人们开始探索地球内部的奥秘，进而揭开了地球的内部结构与物质组成之谜。

当卡文迪许测定的地球密度值得到承认以后，一种观点逐渐产生了，认为地球的内部是由以下两部分组成：一部分是"地核"，其密度很大；另一部分是包在地核外面的物质，即后来人们所称的"地幔"，其密度相当于地球表面岩石的密度。地表岩石的密度为2.5—3克/立方厘米，而地球的平均密度却是5.5克/立方厘米，根据地核体积大小，地核的密度应为7.8—10克/立方厘米。力学家同时运用转动惯量和地球的平均密度对旋转物体性质进行研究，就可计算出位于地球中心地核的半径是地球半径的一半，地核的密度约是11克/立方厘米。如上所述，人们仅仅根据这些简单的力学要素，就得到了一个地球内部结构的模式。这就是19世纪末提出的有关地球内部结构的模式。但是，这一模式也只是

古登堡℗

在20世纪出现的一门新学科——地震学的帮助下才算是真正建立了起来。

地震现象自古以来就为人们所知，人们关注地震也只是因为它会对人类造成重大伤害。而地震产生的波可为科学研究提供有关地球内部结构的信息，却是人们在近100年才认识到的。1883年，英国人米尔恩研究了日本的地震资料后断言："大地震释放的能量所引起的震动，可在地球的任何一点上测到。"几年之后德国人帕什维茨设立了非常精确的水平摆测量仪，以探测地面水平方向的变化，证实了米尔恩的推断。1889年东京发生了一次大地震，帕什维茨根据水平摆记录到的震动，指出地震发生在东京。尔后，奥尔德海姆在这一发现的启示

莫霍洛维契奇ⓦ

下在多地设立了水平摆来记录发生于世界各地的一系列大地震,终于在1897年查明各种地震波遵循的规律。1906年,奥尔德海姆发现地球内部是由地核和地幔两种介质组成的,地震波在这两种介质中的传播速度是不一样的,在地幔与地核的过渡带波速发生突然变化。这项发现大大地证实了重力学家的假设模式。1909年,南斯拉夫的莫霍洛维契奇发现,位于地球表面的

奥尔德海姆ⓦ

地壳与下面的地幔之间存在一个地震波传播的不连续的面。莫霍洛维契奇的观察结论很快被同行所证实,并将之称为"莫霍界面",它位于大陆之下30千米或40千米处。1914年,德国的古登堡进一步完善了奥尔德海姆提出的核—幔界面的论点,提出它的界面位于2900千米深处,人们称之为"古登堡界面"。到此为止,地震学家经过10多年的努力,终于用实验方法以及简单的分析技术和基础几何学计算认识了地球内部的主要结构。

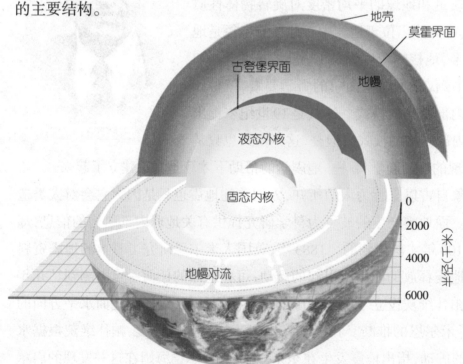

地球内部分层结构ⓒ

1905 年
埃克曼提出漂流理论

沃恩·华费特·埃克曼,瑞典物理海洋学家。1874年出生于瑞典斯德哥尔摩,早年就读于乌普萨拉大学,1902年大学毕业后,进入奥斯陆国际海洋研究室,追随挪威气象学家、物理学家威廉·皮叶克尼斯学习、工作。

埃克曼

1893—1896年,挪威探险家南森率领科考队乘坐"弗拉姆号"极地探险船,完成了穿越北冰洋的海上漂流实验。南森在海上观测时发现,北冰洋中的冰山漂流并不是顺风漂移,而是沿着风向右方约20°—40°的方向移动。南森将这个现象告诉了威廉·皮叶克尼斯,希望能获得理论上的解释。威廉·皮叶克尼斯则将这个难题交给了埃克曼。埃克曼接到任务后,查阅了大量资料和文献,创造性地将流体动力学的理论引入其中,历经5年时间,终于在1905年发表了他的研究结果,提出了大洋风生流理论,即埃克曼漂流理论。

埃克曼漂流理论假定,在理想化的无边界、无限水深和密度均匀的海洋中,海面受到恒定均匀风力的长时间作用,风对水面的混合搅动将风的动量通过海

埃克曼设计的海流计

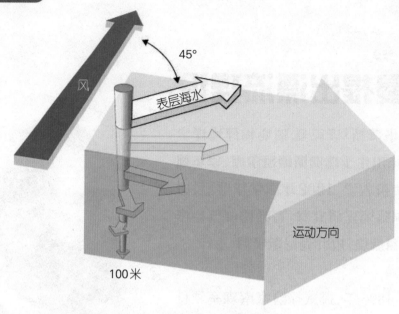

45°

风

表层海水

运动方向

100米

埃克曼漂流理论示意图◎

面传递给表层海水,并因海水的黏滞性产生摩擦作用而将动量传递给下层海水,使下层海水逐层流动起来。由于地转偏向力的作用,在北半球,埃克曼漂流的表面,流向将偏转到风向右侧45°方向(反之,南半球流向偏左);表层以下的海水随着深度的增加,流向逐层向右偏转,流速不断减小,直至某深度处流向和表面流向完全相反时,流速降低为表面流速的4%左右,这个深度被称为摩擦深度,也称埃克曼深度;从海面到摩擦深度之间的水层称为埃克曼层。

观察埃克曼层有许多困难,主要原因有两个:第一,该理论较为理想化,它假设黏滞系数为常量,但在实际研究中海水密度常不一致,所以黏滞系数不能被认为是常量;第二,很难设计出精度足以观察海洋中流速分布的仪器。为了观察到埃克曼层,埃克曼还曾自己制作过一个海流计,但最终没有成功。直到矢量海流计和声学多普勒流速剖面仪的问世,科学家才在1980年第一次实际观测到了埃克曼层。

虽然埃克曼漂流是一种理想化的海流模型,但它可以近似地反映出大洋近表层海水在风的作用下所形成的风海流,以及大洋下层海水中密度流和地转流同时存在的情况。埃克曼漂流理论为研究海洋风生环流理论奠定了基础。除了漂流理论,埃克曼对融冰形成的"死水"现象、海水压缩率、坡度流、密度流、深层流、混浊流等问题也有深入的理论研究,他还曾设计制造能同时测量流速和流向的埃克曼海流计和埃克曼颠倒式采水器。因此,他被誉为现代物理海洋学的第一人。

1912 年
默里和约尔特合作出版《大洋深处》

人类认识海洋的历史,是从在沿海地区和海上进行生产活动开始的。古代人类已了解到一些关于海洋的地理知识,但直到1870年代,英国皇家学会组织的"挑战者号"环球海洋科学考察完成之后,海洋学才开始逐渐形成为一门独立的学科。

约翰·默里是英国著名的海洋学家,也是近代海洋科学的奠基人之一。1872年,他参加了著名的"挑战者号"环球海洋科学考察,这是人类历史上首次综合性的海洋科学考察,是现代海洋学研究的开始。1882年,在考察队领导人英国博物学家查尔斯·汤姆孙去世后,默里负责起环球海洋科学考察资料的整理、汇总和出版等工作。1895年,由默里等人整理和编辑出版了《英国"挑战者号"航海科学成果报告》(共50卷),给此次科学考察工作画上了圆满的句号。这是海洋科学发展史上具有划时代意义的巨著,为现代海洋科学奠定了基础。

约翰·默里Ⓦ

1910年,年近70岁的默里与挪威海洋生物学家约尔特合作,共同组织并亲自参加历时4个月的北大西洋海洋科学考察。根据这次海洋科学考察的资料,默里与约尔特于1912年合作撰写了《大洋深处》一书。这是一部综合性的海洋科学专著,书中指出在大西洋海底有洋中脊和海沟存在,有类似于撒哈拉沙漠一样的海底沙丘;在大陆边缘存在的泥质沉积物界线是海洋渔场的重要标志;描述了不同水深海洋生物的分布情况和生物特征。该书对此前的海洋科学的发展和研究给出了全面、系统而深入的总结,对海洋科学的发展起到了划时代的作用。

1913年,默里撰写出版了海洋学的经典著作《海洋》。该书最早使用了"海洋学"这一名词。海洋学与地理学有密切的关系,与社会生产和经济发展相联系,能够给人类带来不可估量的影响。默里为海洋科学的创立和发展作出了杰出的贡献,被誉为"现代海洋学之父"。

1913 年
贝姆发明回声测深技术

人类最早测量河流和湖泊深度的工具，是竹竿和木杆。随着测量深度的不断增加，人们发明了使用一端系有重锤的测绳来测量水深的方法。它在测量深度较浅的江河或近海区域时简单实用。但是，对于水深超过几百米甚至数千米的大多数海区，强大的海流作用使重锤测量存在很多问题。

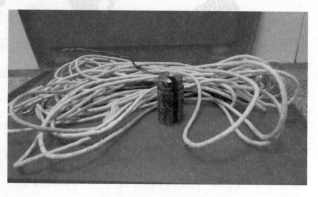

测深锤①

1520年，著名航海家麦哲伦曾经尝试利用测深锤探测远海深度。他与合作者将一条800米长的绳子一端拴好重锤，然后适时把绳子全部放到海里，重锤还是不能触碰到海底，尝试没有获得成功。事实上，当时就算用再长的绳子也不行，因为绳子太长，其本身的重量就会增加，一旦绳子的重量超过了重锤的重量，人就无法感觉到重锤是不是到达了海底，也就无法测量出海洋的深度。因此，早期航海家利用传统的测深方法所获得的水深数据大多都是估计的，所测得的水深图也多半都是"想象"图。

早期考察时使用测深锤测深Ⓦ

19世纪中期开始，由于海底电缆铺设项目的工程需要，要求海洋调查提供更加精确的水深数据，因此相继出现多种改进型的重锤测深方法，但这些方法在精度和效率方面仍然存在许多问题。而1807年，法国物理学家阿拉果提出回声测深的设想为海

洋测深打开了新思路。1854年，美国海洋学家马修·方丹·莫里采用火药爆炸发出的声波进行测深实验。1911年，美国发明家费森登初次实验利用回声测深。

1912年，英国"泰坦尼克号"邮轮被冰山撞沉的重大海难，引起了德国物理学家贝姆的关注。贝姆设计了利用回声探测法探查海上冰山的仪器，但使用效果很不理想，然而在用于探测海底水深时却行之有效。1913年，贝姆申请了回声测深仪的专利权。回声测深仪是利用声音在海底反射来测量海洋深度的，就好像我们在山谷中听到的回声一样。在探测某个海域海底深度的时

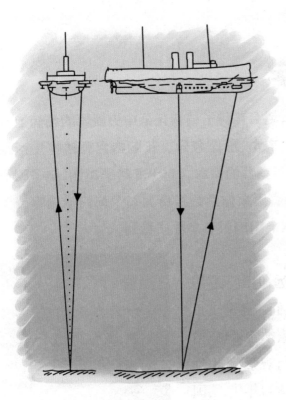

早期的回声测深仪工作原理示意图Ⓢ

候，首先要用回声探测仪向海底发出超声波，这种超声波人的耳朵是听不到的。超声波发出以后，到达海底就会反射回来，回声探测仪接收到信号后，计算出超声波从发出到接收所用的时间，根据超声波在海水中的速度（1500米/秒），就能知道海底的深度了。回声测深仪的出现是水深测量技术的重大革命。由于回声测深仪能够在船只航行时同步、快速、连续、准确地测量水深数据，从而极大地提高了海洋水深测量的精度和效率，因此很快成为测量海洋水深的主要仪器。1925—1927年，德国"流星号"科学考察船首次使用回声测深仪进行水深测量，完成了对南大西洋的综合海洋科学调查，开创了海洋水深测量和海底地形绘制的新时期。

近年来，随着计算机技术和信息获取手段的改进和发展，海洋测量学科也发生了巨大的变化。继过去单一的海道测量之后，机载激光测深、多波束测深等一批新技术相继问世，海洋测量从过去的点线测量模式转变为带状测量模式。海洋测量正在突破传统的时空局限，进入以数字式测量为主体、以计算机技术为支撑、以3S技术（遥感技术RS、地理信息系统GIS、全球定位系统GPS的统称）为代表的现代海洋测量新阶段。

1916年

波斯特创立孢粉学

每当春暖花开，如果你留心观察，就会在种子植物花朵中央雄蕊的花药上发现一些粉状物，那便是花粉，其颜色、大小、形态各异。花粉内含有雄性生殖细胞，其在种子植物的繁殖过程中肩负着重要的使命。对于非种子植物，孢子则承担了繁衍新生命的重任，它们是一种脱离亲体后会发育为新个体的单细胞或少数细胞的繁殖体，它们的体积更小，人类用肉眼基本无法看到。

虽然人类对于孢粉的认识非常久远，但由于它们十分微小，因此直到发明了显微镜，人们才逐渐真正地了解它们。1640年代，英国植物学家纳希米阿·格鲁通过显微镜对植物的花粉和雄蕊进行观察，认识到花粉是植物繁殖所必需的这一结论。1830年代，德国科学家开始关注孢粉化石，从而开启了古孢粉学的研究序幕。1916年，瑞典博物学家、地质学家伦纳特·冯·波斯特将花粉的研究应用于地质学，并首次绘制了现代花粉的百分比图，这被广泛视为孢粉学建立的

波斯特Ⓦ

标志。从此，孢粉学被认为是一门研究古今植物孢子和花粉的形态、解剖、分类、演化及其在地史和地理上分布规律的学科。

波斯特1884年出生于瑞典的约翰尼斯堡，他的父亲是瑞典军队的一名军法官，

花粉Ⓦ

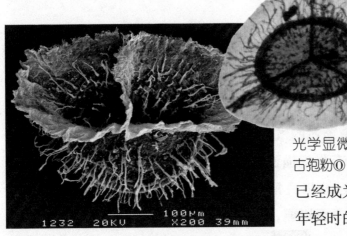

光学显微镜下的古孢粉①

电子显微镜下的古孢粉①

母亲在他出生后一年就去世了,波斯特由父亲一手带大。在还未满17岁时,波斯特已经成为乌普萨拉大学的一名学生。年轻时的他想成为一名动物学家,但后来因受地质学家霍格玻姆的影响,转而投身地质学研究。波斯特花费3年时间,于1906年完成了自己的学士学位论文。一年之后,他又获得副博士学位(大致相当于硕士学位)。他的毕业论文研究的是诺尔兰的泥炭沼泽,当年在绘制沼泽历史的示意图时,他遇到了如何测年从而确定沼泽年代的困难。在瑞典的南部和中部,考古发现和升高的海岸线可以给他一些帮助,但在北部他只能依靠推测,就连他自己也怀疑自己确定的年代是否正确,这为他后来将孢粉学引入到地质研究中打下了伏笔。虽然有所缺憾,但他关于泥炭沼泽的研究还是取得了许多优秀的成果,所以获得了林奈奖,那时他年仅21岁。

1908年,波斯特辞去了大学里的职位,转去瑞典地质调查局工作。他在地质调查局工作的21年,也是取得最重要研究成果的时期。1908年,在对斯德哥尔摩西部那克省沼泽的进一步研究中,他开始用地层中的花粉粒解决确定年代的难题。在不断借鉴他人工作的基础上,波斯特开始尝试计数连续地层中所有树木的花粉。1915年,他非常幸运地获得了来自斯堪的纳维亚南部沼泽的珍贵样品。当他看到分析测定结果时,立即意识到自己找到了通过花粉进行泥炭地层对比从而确定年代的好方法,并开始着手重新修订来自那克省沼泽的样品。至此,通过绘制孢粉百分比图谱进行花粉分析的这一地层研究新方法宣告形成。1916年,在克里斯丁亚那(现称奥斯陆)第十六届斯堪的纳维亚自然科学家会议上,波斯特在演讲中首次将这一方法公布于众,该演讲的题目为《瑞典南部泥炭沼泽连续层中的树木花粉》。由于这份演讲的文本两年后才出版,因此第一份含有孢粉百分比图谱的文章是他于1916年发表于乌普萨拉地质研究所公报中的。

由于波斯特在地质学研究中的巨大贡献,他于1929年被任命为斯德哥尔摩大学的地质学教授。1939年,他被任命为瑞典皇家科学院会员。1951年1月11日,波斯特去世,享年68岁。

约1920年
皮叶克尼斯父子提出极锋学说

威廉·皮叶克尼斯是挪威著名的气象学家。早在1890年代,皮叶克尼斯就计划用流体动力学和热力学方程来描述地球大气的运动状态,这样就可以计算出大气未来的状态。1905年,皮叶克尼斯在访问美国期间,向美国同行介绍了他在气团理论研究中取得的重要进展,同时还介绍了他计划利用数学方法制作天气预报的设想。

挪威航空公司飞机尾翼上的威廉·皮叶克尼斯画像◎

1917年,皮叶克尼斯受挪威卑尔根大学邀请而加盟该校。在卑尔根,皮叶克尼斯完成了他一生中最重要的工作,他和他的助手们一起推导出了与天气中可测变量有关的方程组。虽然在当时的条件下不太可能求得预报变量的解,不过他们的工作最终促成了极锋理论,即温带气旋发生和发展的理论的诞生。

温带气旋是出现在中高纬度地区,中心气压低于四周,且具有冷中心性质的近似椭圆形的空气涡旋,是影响大范围天气变化的重要天气系统之一。1917年,皮叶克尼斯在德国莱比锡工作期间发现了温带气旋这个天气系统中存在不连续面,即气象要素(如气压、气温、风和湿度等)发生激烈变化的面。到了卑尔根大学后,经过研究,他认识到这是两个气团的交界面,于是将它改称为锋面,并陆续发现了暖锋(暖气团移向冷气团形成的锋)、冷锋(冷气团移向暖气团形成的锋)、静止锋(冷暖气团势力相当形成的锋)、锢囚锋(三个性质不同的气团相遇,其中一个锋面追上另一个锋面而形成的锋)等各种类型及其云雨分布的模式,进而提出了气旋是极锋上发展起来的不稳定的波动的理论。皮叶克尼斯等人把上述模式和理论应用于日常天气分析和天气预报中,从而创立了著名的挪威学派"卑尔根学派"。

1920年前后,皮叶克尼斯和他的儿子雅各布·皮叶克尼斯在挪威沿海等地组建了稠密的地面气象观测网,并通过仔细分析由这些稠密站网提供的气象资料绘制而

锋的移动方向

暖气团

暖锋

冷气团

暖气团压迫冷压团,形成暖锋ⓒ

在天气状况大致相同的地域,相对比较均匀的气温、湿度等气象要素控制下的大块空气称为气团。

不同的气团具有不同的干湿、冷暖等特性,不同性质的气团相遇会产生一个狭窄的、倾斜的过渡带,即锋面。锋面内气象要素变化剧烈,因此锋面所到之处天气会发生变化。

暖气团

冷气团

冷锋

锋的移动方向

冷气团使暖气团抬升,形成冷锋ⓒ

成的天气图,来总结天气变化的现象。现代天气学理论、天气分析和天气预报方法,基本上是由皮叶克尼斯父子等人在那个时期建立起来的,迄今仍广泛应用于天气分析和天气预报中,是20世纪大气科学中的一个重大的理论成就。

暖气团

冷气团

冷气团

锋的移动方向

锢囚锋

两个冷气团相遇,抬升中间的暖气团,形成锢囚锋ⓒ

雅各布·皮叶克尼斯不仅在锢囚锋、气旋生命史以及锋面气旋的演变方面有诸多贡献,还在1960年代发表了一系列文章,首次证明厄尔尼诺与南方涛动存在着联系。这也是气候预测的重要基础。

1920 年代
魏格纳和大陆漂移学说

大陆漂移的思想缘起于大西洋两岸海岸线惊人的一致性。远在1801年，洪堡及其同时代的著名科学家们已经提出，大西洋两岸的海岸线形状和岩石组成都很相似。直到1920年代，德国气象学家魏格纳著书立说，掀起了大陆漂移争论的高潮。

魏格纳Ⓦ

魏格纳是德国气象学家、地球物理学家，1880年生于柏林，1930年在格陵兰考察冰原时遇难。魏格纳以倡导大陆漂移学说闻名于世，他在《大陆和海洋的形成》这部不朽的著作中努力恢复地球物理学、地理学、气象学及地质学之间的联系（这种联系曾因各学科的专门化发展被割断），用综合的方法来论证大陆漂移说。魏格纳设想在大陆上有一层比较轻的地壳，浮在比较重的玄武岩岩层之上。大陆可以在海洋玄武岩上漂移，就像冰山在海水中漂移一样。按照魏格纳的观点，在2亿或3亿年前，所有现在的大陆都是连成一片的。它们组成了一个被他称之为"联合古陆"的超级大陆。后来，美洲向西漂移，与欧亚大陆及非洲分道扬镳，才产生了大西洋。为了证明自己的假设，魏格纳搜集了包括地质学、古生物学、古气候学和土地测量学的资料。他认为，如果不设想大陆曾经漂移，就很难解释古代动物群和植物群的扩展以及古代冰川沉积的分布。

魏格纳的迷人设想精妙得几乎使人不敢相信，但其中有一个要害问题，即大陆漂移的驱动机制。为了回答这个问题，魏格纳提出了所谓极移力和潮汐牵引力。魏格纳在青年时代受的是气象学的教育，对地球自转影响气流运动有着格外深刻的印象。因此他天真地设想，同一种驱动力也会驱使大陆从高纬度向赤道方向移动，并向西漂移。这一解释确实不够严谨，于是就成了地球物理学家哈罗德·杰弗里斯爵士攻击的焦点。杰弗里斯用计算证明，魏格纳设想的驱动力要比推动大陆漂移所需要的力小好几个数量级，根本不能引起他所设想的大陆漂移。此外，花岗岩的熔点

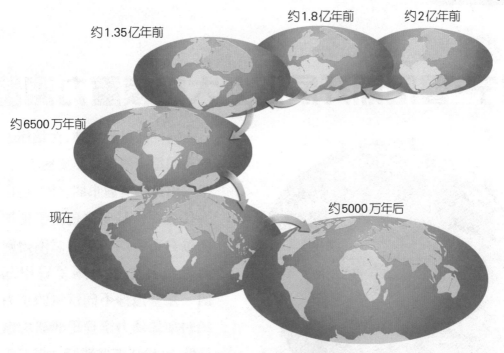

约1.35亿年前　约1.8亿年前　约2亿年前

约6500万年前

现在　约5000万年后

地球大陆漂移过程演示图©

要比玄武岩低。这一事实也是对魏格纳假说的致命一击。如果地温高至足以使玄武岩层熔化，并容许大陆漂移的程度，而花岗岩却依然保留同态而浮于其上，从物理学原理上是讲不通的，因此大陆漂移是不可能的。魏格纳学说的根本缺陷在于他倡导大陆漂移的同时却认为大洋底是稳定不动的。直到他去世的20年后，抛弃洋底稳定不动的海底扩张学说提出，人们对大陆漂移的兴趣才又复萌。

魏格纳的研究表明科学是一项精美的人类活动，不能只是机械地收集客观信息。在人们习惯用主流的理论解释事实时，只有少数杰出的人才有勇气打破旧框架提出创新性理论。但由于当时科学发展水平的限制，大陆漂移学说由于缺乏合理的动力学机制遭到学者的非议，而魏格纳的学说则成了超越时代的理念。

中龙　犬颌兽　舌羊齿　水龙兽

非洲　褶皱山系　印度　南美洲　澳大利亚　南极洲

大陆漂移的生物学证据©

137

1923 年
维宁·曼尼斯开展海上大规模重力测量

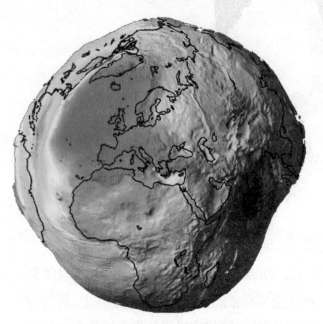

地球不同区域重力场不同◎

同一质量的物体,在地球上的不同地点测量其所受的重力,常会出现极其微小的差别,这是为什么呢?其实这是由于地球质量分布不均匀和形状不规则而造成各处重力场差异引起的。测量地球不同区域的重力场对地球动力学理论的研究以及航天、采矿等实践活动都有重要意义。而要全面了解地球重力场的分布情况,对于占地球表面积71%的海洋进行海上重力测量,就显得尤为重要。

早在18世纪初,科学家们就已开始对海洋重力进行测量,最早开展测量实验的是德国地球物理学家黑克尔。1903年,黑克尔利用船载气压重力仪在大西洋进行海上重力测量,但由于受到船体垂直和水平加速度以及基座倾斜的影响,所获得的数据并不理想。1920年,荷兰地球物理学家维宁·曼尼斯提出海洋摆仪理论,并研制出可消除水平方向加速度(如海浪)影响的三摆仪。海洋摆仪的工作原理决定了它只有在水深约30米以下、不受海水波动影响的水下环境中才能正常工作。从1923年开始,维宁·曼尼斯乘坐潜艇,使用自己研制的摆仪,在大西洋、印度洋以及爪哇岛附近的太平洋海域开展海洋重力调查工作,获得了大量的海洋重力观测数据,并在爪哇海沟和波多黎各海沟等地观测到明显的负重力异

维宁·曼尼斯在潜艇中使用的海洋摆仪 Ⓦ

维宁·曼尼斯观测海洋重力参数

常现象。1950年代，相继出现了几种在航行时可做连续观测的海洋重力仪。海洋重力仪的出现，为人类全面测量占地球表面积71%的广大海域的重力场数据创造了技术条件。到了1960年代，这类仪器日臻完善，观测精度不断提高，从而取代了海洋摆仪，加速了海洋重力测量的发展。

海洋重力测量的仪器可分为海洋摆仪和重力仪两大类。前者是根据单摆原理设计的，借助光学照相系统观测摆动周期的变化，但由于它的结构复杂、抗震性差等原因逐步为重力仪所取代。海洋重力仪按工作条件的差异又可以分为海底重力仪、水中重力仪和船上重力仪。目前，我国大型的科学考察船都配备有先进的海洋重力仪，综合性海洋科考都会常规性测量收集海洋重力的相关数据。这些数据被广泛应用于大地测量、地球科学、海洋科学以及航天、军事科学等。

现代海洋重力仪 ①

1924 年
沃克提出大气环流三大涛动

吉尔伯特·沃克℗

自天气预报问世以来，气象学家一直试图预测几个月后的大气状况，进行气候预测，但都未取得成功，直到英国气象学家吉尔伯特·沃克提出大气环流三大涛动理论，才为气候预测开启了一扇门。这一理论是 20 世纪气象学研究最重要的进展之一，沃克也因此成为现代大气遥相关研究的鼻祖。

沃克的专长是数学。早在中学时，他就对数学表现出浓厚的兴趣。中学毕业后，沃克获得数学奖学金，进入剑桥大学三一学院学习。毕业后留校任教，后升任讲师。因其在理论和应用数学研究中的杰出成就，1904 年当选为英国皇家学会会员。

沃克成为一名气象学家完全是一件很偶然的事情。19 世纪末 20 世纪初，印度气象局局长艾略特任命沃克为他的特别助理。1903 年艾略特退休时，他觉得气象局局长应该由一个具有很强数学背景的人来担任，于是沃克便成为新任的局长。

印度季风对于印度百姓的生活来说影响是极大的。如果季风异常弱，雨量便偏少，就会出现干旱；如果季风异常强，雨量特别多，则会导致洪灾。无论是干旱还是

气候异常导致印度发生水灾℗

气候异常导致印度发生旱灾℗

洪灾,都会导致粮食作物严重减产,从而出现饥荒。当时,印度气象局面临的一个问题,就是如何对印度的夏季降水进行预测。于是,沃克投入到季风年际变化的预报和全球天气预报的研究中。

为了解决这一难题,沃克利用他丰富的数学知识,将统计学上的回归分析和相关分析方法引入气象学研究中,对已有的气象历史资料,主要是海平面气压场,进行详细的数学统计分析,试图从统计学的角度来预测印度夏季降水。经过分析他发现,当太平洋地区气压较高时,印度洋地区的气压一般会较低,同样的现象也存在于北大西洋地区的冰岛和亚速尔群岛之间,以及北太平洋地区的北部和南部之间。1924年,他在向英国皇家气象学会提交的一篇论文中,将这种跷跷板式的气压型定义为南方涛动、北大西洋涛动和北太平洋涛动,其中后两者又被他统称为北方涛动。

后来的几十年,如1930年到1950年之间,由于种种原因,表征南方涛动的气候信号较弱,与以前相比非常不明显,所以对南方涛动等的研究进入低潮。1960年,挪威气象学家雅各布·皮叶克尼斯在对厄尔尼诺的机制进行深入研究时发现,热带太平洋在正常情况下较干燥的空气在东太平洋较冷的洋面上下沉,然后沿赤道向西运动,成为赤道信风的一部分,当信风到达西太平洋时,受到较暖洋面的影响而上升再向东运行,最终形成一个封闭的环流,此大气环流型的发现使人们第一次将南方涛动与海面温度联系了起来。为了纪念沃克爵士的开创性工作,皮叶克尼斯把这个环流命名为"沃克环流"。

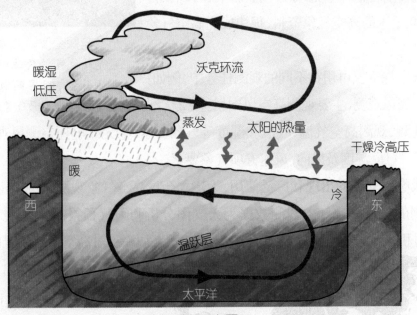

沃克环流示意图Ⓢ

1924 年
无线电探空成功

20世纪初，人们开展气象观测仍然只是在地面上布网进行，对高空的大气状况还难以知晓，偶尔只能通过载人气球升空以获得上空的气象信息，有限的观测技术严重限制了人类对天气过程的认识。直到20世纪初，无线电遥测技术、气象要素传感器及气球技术的发展，才使人类有可能规模性地布网开展高空大气探测。

1924年，美国陆军气象专家布莱尔上校尝试让传感器搭载气球升空进行大气探测，这是无线电探空第一次获得成功。而第一个真正意义上的无线电探空仪在1928年诞生于法国，由罗伯特·比罗发明，并于1929年1月7日试验时获得成功。1930年1月30日，苏联科学家帕维尔·莫尔恰诺夫成功开发出苏式无线电探空仪。1932年，芬兰的维萨拉则发明了芬式无线电探空仪。这些无线电探空仪外形简单小巧、价格低廉，不受恶劣天气的影响，可以获得最高达30千米的高空气象资料，很快成为高空气象观测的主要手段。

无线电探空仪　通常由充满氦气或氢气的气球（风向球）搭载升空，测得的数据通过无线电传回地面气象站。◎

无线电探空仪可用在不同的观测任务中，例如：①无线电测风观测，主要观测高空风向风速；②无线电探空观测，观测高空气温、气压和湿度等气象要素；③无线电探空测风观测，观测高空气温、气压、湿度及风向、风速五项气象要素。

无线电探空仪的出现和广泛使用，为建立全球高空气象观测站网奠定了基础，由此得到的大量高空气象观测数据为天气图分析和天气预报制作提供了主要资料。通过积累和分析大量高空气象资料，气象学家加深了对高空大气状况的了解与认识。1930—1940年代，瑞典裔美国科学家罗斯贝根据高空气象资料提出了大气长波理论，这不仅是三维空间分析和大型天气演变过程预报方面的创举，而且也为1950年代数值天气预报的问世开辟了道路。

1925—1927 年
德国开展"流星号"南大西洋调查

希腊神话中的阿特拉斯Ⓨ

大西洋古名阿特拉斯海,该名称起源于希腊神话中的双肩负天的大力士神阿特拉斯。大西洋是世界第二大洋,面积9336.3万平方千米,约占世界海洋总面积的25.4%,平均深度3627米,最深处波多黎各海沟深达9219米。大西洋位于欧洲、非洲与南、北美洲和南极洲之间,由于其特殊的地理位置,在人类文明史上有着重要的位置。

人类很早就开展了对大西洋的研究,但之前多集中于地理勘测和航海探险,直到19世纪后,海洋学成为一门研究学科,人们才开始对大西洋进行详细全面的区域性考察,这其中最具影响力的,就是德国开展的"流星号"南大西洋调查。

第一次世界大战结束后,德国成为战败国,经济上陷入困境,亟需发展科学技术来推动社会经济的发展。1924年,时任柏林大学附属海洋研究所所长的奥地利海洋学家阿尔弗雷德·梅尔茨,向德国科学救援会提出了开展南大西洋综合海洋调查的科学建议,并获得批准。

梅尔茨是德国著名地理学家彭克的学生,在第一次世界大战期间就已开始调查了近海的潮汐,并对海洋的大循环产生了浓厚的兴趣,为了深入研究密度流,才萌发了对南大西洋进行探险考察的想法。梅尔茨为此制订了详细的调查计划,包括使用"流星号"作为科学考察船,组建包括物理、化学、生物、地质、气象等专业学者在内共123人的"流星号"

梅尔茨Ⓦ

德国"流星号"考察船

科学考察队,并亲自担任科考队长。1925年4月16日,"流星号"从威廉港出发,驶往南大西洋。1925年8月16日,梅尔茨不幸因病去世,后续调查工作由德国海洋学家德凡特负责指挥。"流星号"的海上调查工作持续了2年零3个月,航程67 500海里,于1927年7月返回德国。在此期间,"流星号"13次横穿南大西洋,完成67 400个站次的海上回声测深调查和310个站位的海洋水文、生物和地质调查工作。

整个考察过程中采用了电子技术和其他近代科学方法,调查了这个海域的海洋物理性质。在调查工作结束后,德凡特和德国海洋学家伍斯特组织学者对调查资料进行分析,先后完成16卷的调查报告,主要包括海底地质地貌、海洋物理、海洋化学、海洋生物、海洋气象等内容。"流星号"海洋调查首次使用回声测深仪进行海底水深测量,取得7万多个海洋深度数据,揭示了大西洋水下崎岖不平的海底地形,以及纵贯整个大西洋并延伸到印度洋的中央海岭(北大西洋中脊早已在19世纪铺设海底电缆时发现);获得了大西洋海洋环流以及热量和水量交换等水文资料,揭示了海洋环流和大洋热量、水量平衡的概况;进行海洋锚系观测,发现了海洋内波;用柱状采样器采集底质样品进行岩石学和矿物学研究,并首次对深海区海洋悬浮颗粒物在洋

底的沉积速率进行推算。"流星号"所开展的综合海洋调查工作,为大西洋的海洋学研究奠定了基础。

1970年代以来,一系列的考察和研究计划,如大西洋海—气相互作用联合研究、多边形—中大洋动力学实验、全球大气研究计划大西洋热带实验和法摩斯计划等专题调查和海上现场实验,使人们对大西洋有了越来越多的了解。

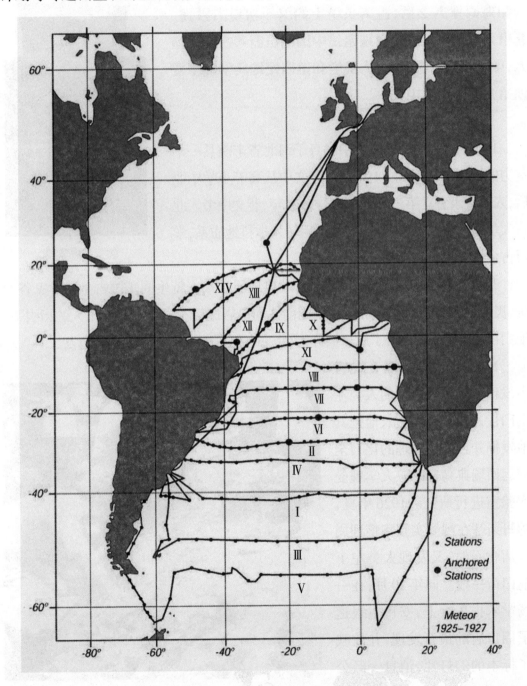

德国"流星号"南大西洋科学考察的航行路线ⓦ

145

1929 年
裴文中发现北京人头盖骨

北京人（或称北京直立人）是继尼安德特人、爪哇人和海德堡人之后，古人类学上的又一次重大发现。北京人第一头盖骨的发现者是中国旧石器考古学奠基人，中国史前考古学、古人类学和第四纪地质学的主要创始人——裴文中先生。

1904年1月19日，裴文中出身于河北省丰南县一个贫穷的知识分子家庭。1916年，裴文中从高等小学毕业后，入读直隶省立第三师范学校。1921年，裴文中考入北京大学预科甲部（理科）学习，两年后转入本科地质系，学习古生物学。

裴文中雕像Ⓨ

几乎在裴文中来到北京的同时，瑞典地质学家安特生同美国古生物学家谷兰阶、奥地利古生物学家师丹斯基一同前往周口店进行考察。在采石工人的指引下，他们在龙骨山北坡发现了后来被称为"北京人化石产地"的周口店第1地点。

1923年，师丹斯基在龙骨山发现了一枚已磨损的人类左上臼齿，由于行程关系，他把其他发掘并且尚待整理的化石全部运回瑞典乌普萨拉大学魏曼实验室进行研究。1926年夏，师丹斯基在魏曼实验室整理周口店化石时，又发现人类左下前臼齿一枚。同年10月，在一场学术报告会上，安特生报道了周口店的最新发现，并放映了标本的幻灯片，消息一经公布，立即引起了国内外科学家

周口店考察现场Ⓟ

的极大重视。

1927年，在美国洛克菲勒基金会的资助下，中国地质调查所组织了对周口店龙骨山的大规模系统发掘。工作于3月16日启动，地质学家李捷和瑞典地质学家步林负责具体发掘工作。10月16日，考察人员发现人类左下臼齿一枚，经英籍加拿大解剖学家步达生研究确认，定名为 *Sinanthropus pekinensis*，即"中国人北京种"，简称北京人。

1928年，由于李捷有其他任务，发掘工作改由古脊椎动物学家杨钟健、裴文中和步林共同主持。1929年，为了加强周口店的发掘工作，地质调查所成立了"新生代研究室"，步达生任名誉主任，法国古生物学家德日进和杨钟健任副主任，裴文中任发掘主任。

1929年，裴文中开始全面接手主持发掘工作。由于野外条件非常艰苦，发掘工作进

裴文中怀抱经石膏加固的北京人头盖骨　拍摄者因为太专注于头盖骨而忽略了裴文中的头。⑫

展得异常缓慢，虽然肿骨鹿、鹿角和猪头骨等脊椎动物化石不断被挖出，但最能体现北京人体质特征的头骨却迟迟不见踪迹。虽然如此，发掘工作依然按部就班地向前

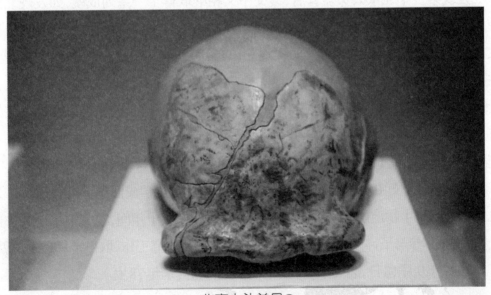

北京人头盖骨⑬

北京直立人（又称北京猿人）头像Ⓦ

推进。随着挖掘的深入，地方越来越狭窄，在1929年12月2日这一天，当挖到只能容几个人活动的空间时，突然向南伸展出一段空隙，这便是后来大名鼎鼎的"猿人洞"。洞虽不大，却又深又陡，为了探明虚实，裴文中与一名工人一起腰系绳索坠绳而下。下午4点多，洞外已是红日西斜，裴文中却仍在洞中领着工人点着蜡烛加班加点。就在准备宣布收工时，裴文中突然看到一个圆圆的东西显现在微弱的烛光下。数年的努力，无数个日日夜夜的艰苦工作，梦寐以求的头骨终于出现了。

发现头骨的第二天，裴文中派人去北平报告这一特大喜讯，并给步达生发了一个电报："顷得一头骨，极完整，颇似人。"12月6日，裴文中带着第一个北京人头盖骨从周口店乘汽车前往北平。一到北平，裴文中便将头骨直接送到了步达生那里。经过修复，第一个完整的北京人头盖骨完全呈现出来，步达生兴奋地给安特生以及一大批知名的人类学专家写信，通告这一喜讯，并对裴文中的野外工作称赞有加。

发现第一个北京人头盖骨后，裴文中又相继取得了一系列成就，如发现北京人使用的石器和用火的证据，在北京人遗址上方发现了处于晚期智人阶段的山顶洞人，为北京人的演化提供了重要的线索。1935年夏，裴文中赴法留学后，改由贾兰坡主持周口店的发掘工作。1936年11月，贾兰坡发现了3个比较完整的北京人头盖骨，其中一个头盖骨保存颅底枕骨大孔、鼻骨和眼眶上部。这是首次发现完整的北京人头骨。1937—1949年，由于战争原因，周口店发掘被迫停工达12年之久。在这期间，由于战乱，北京人化石在转运中下落不明，成为科学界的著名疑案。

1937年，裴文中获得巴黎大学自然科学博士学位，学成回国后继续从事古人类文化和第四纪生物地层学研究工作。在科学生涯的数十年间，裴文中足迹几乎遍及全国，领导并参与了许多大型的古人类调查、发掘和研究工作，取得了卓越的成就。

1982年9月18日，裴文中在北京因病与世长辞，享年78岁。

1930 年
毕比和巴顿完成第一次载人潜水球探险

"永恒的黑暗、刺骨的严寒、巨大的压力，奇形怪状的海洋生物和令人惊讶的海床地形，这里隐藏着无穷无尽的神秘事物，真正是地球上最后的未开拓领域。要在那里享受温暖阳光的抚慰实属遥不可及，在这样一个地心引力变得无足轻重的海洋世界里，生命遍布每一个角落。"这是全球公益科普"深海奇珍"巡展的序言，其字里行间深刻地表达了人类对海底世界探索的欲望与无尽的遐想。

绘画中古人的潜水活动⑭

人类梦想潜入海中观察海底世界的历史，可以追溯到极为遥远的古代。相传，亚历山大大帝曾经搭乘一个特制的玻璃箱潜入水下，观察海中千奇百怪的生物。古希腊思想家亚里士多德也曾发明过一种潜水器，这是一种内衬框架的半密闭的玻璃罩，潜水员可在水下通过其透明玻璃壁观察外部情况。到了15世纪，意大利博物学家达·芬奇设计了能沉入海底的封闭式潜水箱。17世纪末，英国著名天文学家哈雷制作的潜水钟可在水下滞留4小时。18世纪末，英国人莱斯布里奇为了打捞沉船中的财宝设计了一个带有玻璃观察口的潜水桶。

而人类历史上第一具深海潜水

哈雷潜水钟Ⓢ

莱斯布里奇的潜水桶Ⓢ

器——深海潜水球的诞生，则要归功于美国生物学家威廉·毕比。1920年代中期，毕比受到美国富商的支持和资助，开始使用科考船进行海洋学研究。随着研究的深入，毕比对于神秘的海底世界越来越感兴趣，但是由于缺乏实用的潜水设备，他只能戴着特制的潜水头盔，在近岸进行海底考察，其最大下潜深度仅有15米左右。

面对困境，毕比向许多工程师求助，此时他遇到了与自己一样毕业于哥伦比亚大学的奥蒂斯·巴顿。在双方的交流中，巴顿向毕比介绍了一个更直接、简单的创意：制造一个中空的铁球，潜水员坐在铁球里观察周围，铁球连接一条钢索，由船上的卷扬机控制升降。毕比对这个令人耳目一新的创意感到欣喜。经过历时一年的反复论证和修改，在两人的共同努力下，这种球形潜水器终于在1930年制造成功。

这种外形奇特的"深潜球"为中空合模的球形铸铁舱体，重约2.5吨，外径约1.45米，壁厚3.8厘米。球形是所有几何形状中抗压性能最佳的形状，深潜球的设计潜深可达1000米左右，这也就意味着这个球体可以承受极大的压力。深潜球的舱室前部有3个观察口，其观察窗采用熔结石英制成，这是当时工业界结构最稳定的耐压透光材料。在使用时，潜水球由一根粗缆绳悬吊，用橡胶包裹的电缆进行供电和通信，并在舱内放置高压氧气瓶和用于吸收二氧化碳和水汽的碱石灰和氯化钙。

深海潜水全美直播前的准备Ⓟ

1930年6月6日,毕比和巴顿一起乘坐潜水球,在百慕大无双岛海域完成人类首次载人深潜实验,下潜深度达183米。1932年9月22日,毕比和巴顿再次钻进深潜球,开始了新的探险。这次他们刷新了自己创造的纪录——到达了677米的深度。这次潜水意义非凡,由全美广播公司向欧美听众实时直播了整个科考探险过程,成功创造了人类历史上第一次探险类性质的实况广播节目。1934年8月15日,毕比和巴顿再次乘坐潜水球创纪录地下潜至923米深处。该深潜纪录一直保持了15年才被巴顿本人打破,1949年8月,他在太平洋独自乘坐自制的"海底景观"潜水器下潜到1372米深处,那也是迄今有缆载人深潜器的最深纪录。

1934年,毕比根据他在1930—1934年间完成30多次深潜的经历,出版了《半英里之下》一书,详尽描述了他们在大洋深处所见到的奇异的海洋生物,首次向世人展示了神秘的海底世界。毕比和巴顿开创的深潜探险考察,极大地激发了世界各国发展海洋深潜技术的热情。而随着现代科学技术的发展,深潜对人类人性和智力的终极测试纪录还将不断被刷新。

毕比(左)和巴顿以及他们乘坐的潜水球◎

1935 年
和达清夫发现地震震源分布带

"烨烨震电,不宁不令。百川沸腾,山冢崒崩。高岸为谷,深谷为陵。"这是《诗经·小雅》中描述的让人不寒而栗的地震的句子。从遥远的古代到发达的现代社会,地震一直给人们带来深重的灾难,倒塌的房屋,被掩埋在废墟中的人们,失去亲人的痛苦……那么,地震究竟是怎么产生的?人们又是如何对它展开研究的呢?

地震形成的废墟Ⓦ

中国古代最早的地震记录,见于《竹书纪年》一书,书中记载的地震事件距今约有4000年。地震在中国古代有着浓厚的神秘色彩,通常被认为是"阴阳失衡"所致,是上天对人类的一种警告。现代地震的研究始于西方,随着研究的不断深入,地震的神秘面纱被慢慢揭开,人们逐渐认识到了地震的本质。

早期的地震学研究认为,地震的发生是由于地壳岩层发生构造断裂而引起的,因此地震震源的深度不会超过地壳的厚度,一般不超过70千米。1922年,英国地震学家特纳发现某些地震的震源深度远大于通常认为的深度。1928年,日本地震学家和达清夫利用密布于日本列岛的地震台网资料,获得了深源地震存在的令人信服的证据。1935年,和达清夫发表了关于日本列岛及邻近海域地震震源分布的文章,指出这些地震的震源分布在一个倾斜的地震带上。

1950年代,美国地震学家贝尼奥夫研究全球的地震震源分布后发现:位于大陆边缘的深源地震活动带在全球范围内普遍存在;地震的震源深度与海沟的分布有密切关系;发生在海沟附近的一般都是浅源地震,在海沟向陆一侧较远处出现中源地震,在更远的大陆下面则出现深源地震,震源深度最大可达720千米;这些在大陆边缘的地震震源,分布在一个从海沟向大陆方向由浅入深的倾斜带上,倾斜的角度由

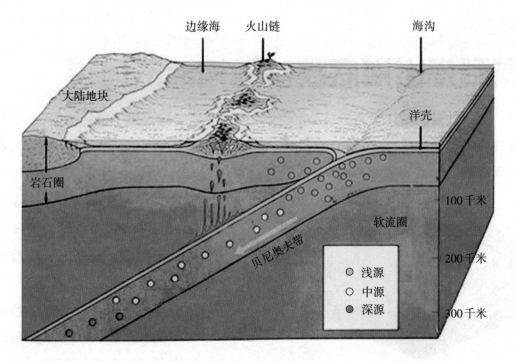

贝尼奥夫带示意图Ⓦ

浅层的30°左右向下渐变为50°—60°乃至
90°。于是,这种位于大陆边缘、倾斜的地震震
源分布带,被称为贝尼奥夫带。由于这一地震
震源分布带最先被和达清夫发现,因此人们又
称之为和达—贝尼奥夫带。基于和达清夫在
地震学工作方面的突出表现,他于1956—
1963年受聘担任日本气象厅长官。由于该机
构与公众联系密切,他逐渐成为众所周知的日
本最著名的科学家之一。1949年他当选为有
声望的日本学士院的成员,后任该院的院长。
1971年他被授予"文化功勋者"的称号,这是
日本授予科学家和艺术家的最高荣誉。

和达清夫Ⓦ

后来,地质学家研究发现,贝尼奥夫带实
际上是大洋板块向大陆板块俯冲所形成的俯冲带,地震就是洋壳在俯冲过程中的应
力释放。俯冲带进入地幔一定深度后,被逐渐熔融同化以至消亡,所以贝尼奥夫带
也是洋壳的消减带。贝尼奥夫带的存在成为板块学说的重要证据之一。

1936 年
戴利提出海底峡谷的浊流成因说

浩瀚壮阔的海洋令人神往,而幽暗的海洋深处更是充满了神秘色彩,那里有许许多多扑朔迷离、令人惊叹的奇观。随着测量海水深度资料的不断积累,人们发现广阔的海底世界并不平坦,而是像陆地一样存在着山脉、平原、盆地和峡谷等各种地貌。其中,狭长而又深切的海底峡谷尤其令海洋学家感到困惑。这些海底峡谷大多分布在大洋边缘的陆坡上,它们蜿蜒曲折,谷壁深陡,谷底向下倾斜,呈 V 形延伸到水深甚至达 2000 米的陆坡底部。早期海洋学家认为这些峡谷可能是陆上河谷在水下的延伸,但大量的调查资料表明,在没有河流入海的大陆坡上也有许多海底峡谷存在。

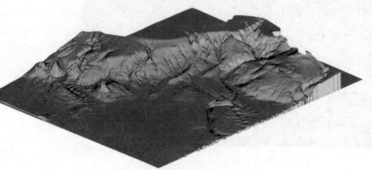

海底地貌三维图像Ⓦ

这些海底峡谷到底是怎样形成的呢? 人们最早的解释是,它们是海浪冲刷的结果——海浪有巨大的能量,能对海底产生巨大的冲刷作用,从而形成海底峡谷。这

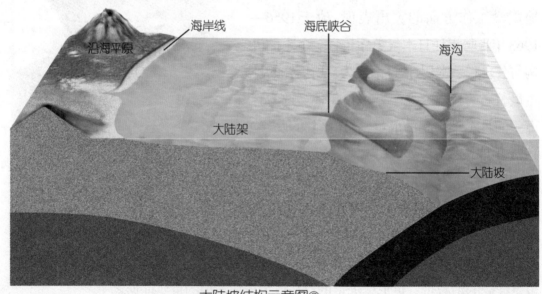

沿海平原　海岸线　　海底峡谷　　海沟
大陆架
大陆坡

大陆坡结构示意图Ⓒ

个观点一经提出，就遭到了不少科学家的强烈反对。他们认为，海浪不可能对海底产生那么大的侵蚀作用，要知道，别看海上狂风怒吼，波浪滔天，几百米以下的海底却是十分平静的。海浪对几百米以下的海底不起任何作用。

有人认为，海底峡谷是由地震引起的海啸侵蚀海底而成的。但是，在没有发生过海啸的地区也发现有海底峡谷。再说，如此巨大的海底峡谷单靠海啸的冲击是无法形成的。可见，用海啸来解释海底峡谷的形成原因，也无法令人信服。

还有一种假说认为，海底峡谷可能是由大陆架基底原始断裂不断发展形成的。虽然这一说法得到许多学者的赞许，但它也仅仅是停留在推断上，缺乏令人信服的证据。

1936年，美籍加拿大地质学家戴利发表论文，首次提出海底峡谷是由海洋风暴和海底滑坡引起的浊流运动所冲刷和侵蚀而成的。海底浊流是一种富含悬浮固体颗粒物的高密度水流。海岸和海底一般都覆盖有大量的泥、沙、砾石等松散沉积物，这些沉积物在风暴、海啸、地震等动力因素的作用下被扰动起来，形成浊流；因为浊流与周围水体的密度有较大差异，因而在陆坡等处形成的浊流会发生沿陆坡而下的快速流动，其所挟带的大量泥沙、砾石等具有很强的侵蚀能力。1940—1950年代，荷兰海洋地质学家奎年用人工水槽模拟海底浊流运动，证明浊流具有较强的侵蚀作用。1952年，美国海洋地质学家希曾和地球物理学家尤因研究了海底浊流在1929年纽芬兰大浅滩海底电缆折断事件中所起的作用，计算出在坡度最大处浊流的流速可达28米/秒，甚至在深达6000米的深海平原上蚀流的流速也可超过4米/秒。这些学者的研究结果，都证实了浊流侵蚀是海底峡谷成因的重要因素之一。

对海底峡谷产生的原因，目前还没有形成最终定论，科学家们还在进一步研究探讨。随着时间的推移，相信人们对海底峡谷的认识会更加深刻，总有一天，谜底会被彻底揭示出来。

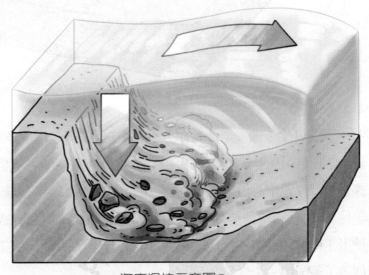

海底滑坡示意图⑤

1939年 罗斯贝创立大气长波动力学理论

第二次世界大战期间,战机出动在很大程度上受气象条件的影响。为了满足盟军空军作战的需要,欧美加快了高空气象观测站网的建立。气象学家能够通过这些观测站网获取高空气象资料,从而绘制出高空天气图,并比较高空大气环流的结构与地面气压系统的关系。

1939年,气象学家罗斯贝通过分析高空天气图,发现了中纬度高空的大气环流在作自西向东的绕极运动(指北半球)时,存在着波长达数千千米的波动,这些波动除了有自身的结构和运动规律外,还与低空的锋面气旋存在内在的联系。由于这种波的水平尺度很长,与地球半径相当,所以被称为大气长波,又称行星波。

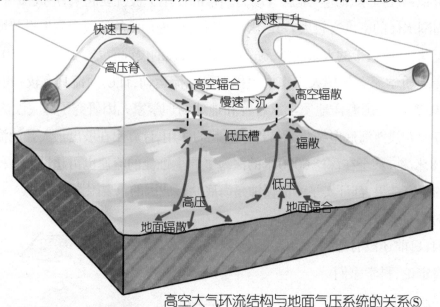

高空大气环流结构与地面气压系统的关系⑤

罗斯贝生于瑞典斯德哥尔摩,后来在斯德哥尔摩大学获得理论力学学士和数学硕士学位,1919年到卑尔根跟随威廉·皮叶克尼斯学习气象学和海洋学,其间曾在斯德哥尔摩气象中心做常规天气预报的工作。1925年,他获得斯德哥尔摩大学副博士学位,不久获得资助前往美国学习。1925—1927年,他主要在美国国家气象局从事预报工作。1928年他到麻省理工学院航空学系开始研究工作,随后在麻省理工学院创建了美国第一个气象学系。

麻省理工学院

罗斯贝在麻省理工学院一共工作了11年,主要从事气象学教学和科研工作。他的科研工作主要集中在气团热力学、大气和海洋湍流、海气边界层相互作用等领域。后来,他逐渐将研究重点转移到大气的大尺度运动,在研究大气环流时引进了涡度和动量等基本概念。

1939年,他离开麻省理工学院,再次加入美国国家气象局,成为主管研究工作的主任助理。1940年,他应邀担任芝加哥大学气象学系主任。在此期间,他提出了著名的大气长波理论。

罗斯贝用一个高度简化的数学模型给出了大气长波的运动方程,并解释了其产生的物理原因。他采用的数学假设准确地抓住了中纬度大气运动的主要特证,使得对这一物理问题的解释大大简化,成为日后气象学研究中最基本的研究方法之一。随后,他进一步提出了波动和基本气流相互作用的原理,创立了大气长波动力学理论,奠定了现代大气动力学和数值天气预报的基础。

罗斯贝准确地抓住了现象背后的物理学本质,将气象学研究带入了一个全新的时代。大气长波理论不仅开创性地研究了大尺度天气系统的演变过程,也为1950年代数值天气预报的问世奠定了理论基础。为了纪念罗斯贝对气象学的杰出贡献,人们将大气长波称为罗斯贝波,美国气象学会更是以他的名字命名了该学会的最高学术成就奖——罗斯贝奖。

《时代》周刊封面人物——罗斯贝

1940 年代
雷达开始应用于气象观测

雷达是利用电磁波探测目标的电子设备,能通过无线电发现目标并测定它们的空间位置。1930年代,雷达主要用于对战机、军舰等军事目标的探测。第二次世界大战期间,雷达操作员注意到,雷达接收到的许多信号中有一部分是由雨、雪、冻雨等天气因素引起的。战后,军事科学家开始研究如何利用那些回波。曾服役于美国空军、后任职于麻省理工学院的戴维·阿特拉斯开发了第一台实用气象雷达,由此开创了雷达技术应用于大气探测的时代。随后,利用雷达了解雨云强度和分布成为气象学研究的核心内容之一。

1950—1980年,利用气象雷达来定位天气系统及探测降水强度的气象服务在世界范围内建立起来。1970年代,气象雷达探测已开始标准化,并组成探测网。而且,从第一个雷达回波成像设备诞生以来,气象雷达已发展到可以扫描降水系统的三维层面,使得大气的等高面情况和垂直状况均能够得到反映。

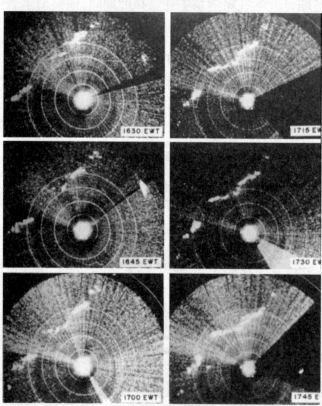

1943年7月22日美国冷锋过境回波图℗

1980—2000年,北美洲、欧洲、日本等发达国家和地区普遍建立气象雷达探测网,可探测风速的多普勒雷达也替代了只能探测天气系统位置和强度的传统雷达。其间,得益于计算机技术的迅猛发展,科学家已经可以利用计算机算法分析恶劣天气,并由此开发了一系列供媒体发布或用于科学研究的气象产品。

2000年后,双偏振技术投入使用,增加了关于有效降水类型(如雨和雪的对比)的信息获取。"双偏振"是指既能发射和接收水平偏振波又能发射和

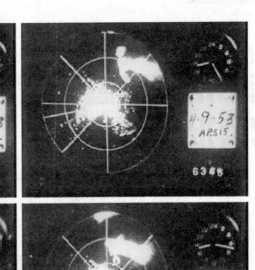

1953年4月9日APS-15A雷达记录的一次龙卷强风暴的发展全过程①

接收垂直偏振波的微波辐射。

　　2003年起,美国国家海洋和大气管理局(NOAA)开始着手用相控阵雷达代替传统的抛物形天线,以便在大气探测中获得更高的时间分辨率。这对获取强雷暴发展过程的实时数据尤为重要。

　　同年,美国国家科学基金会(NSF)成立了合作自适应遥感大气工程技术研究中心,这是一个跨学科、涉及多所大学的,由工程师、计算机科学家、气象学家和社会学家参与合作的机构。他们利用成本低廉、扫描迅速的双偏振相控阵雷达,获取较少为人探索的对流层低层资料,进行相关基础研究、新技术开发并部署样机,以加强现有的雷达系统。

多普勒气象雷达Ⓨ

1946 年
斯韦尔德鲁普和蒙克提出风浪和涌浪的预报方法

海浪是发生在海洋中的一种海水波动现象。常言道,"无风不起浪",但也有人说,"无风三尺浪",这究竟是怎么一回事呢?

仔细观察我们会发现,海浪的形态千差万别,有的波峰尖削,有的平坦光滑;有的剧烈翻滚,有的缓缓推进……研究海浪的科学家一般把海浪分为风浪、涌浪和近岸浪等几种基本类型。风浪一般指在风的直接作用下产生的水面波动,最显著的特点就是:风浪中同时出现许多

风浪Y

高低长短不等的波,波面陡峭、粗糙,波峰线较短,波峰附近有浪花和大片泡沫。

当风浪离开风区传播到远处时的波浪,或在风速风向突变的区域内所形成的波浪就换了个名字——涌浪。涌浪在传播过程中,由于受空气阻力和海水内摩擦的作用,加上传播时波动能量被散布在越来越大的区域内,所以随着传播距离的增加,在单位表面积的水柱内,涌浪的能量和波高都不断减小,波面的陡度会越来越小。涌

涌浪Y

近岸浪Ⓨ

浪的基本特征是:具有较规则的外形,排列整齐,波面比较平滑,波峰线长。

近岸浪则指的是由外海的风浪或涌浪传到海岸附近,受地形作用而改变了波动性质的海浪。

海浪与人类的关系十分密切,人们既得益于它,又深受其害。由于海浪是一种十分复杂的随机现象,因此海浪的物理机制研究进展缓慢,至今仍没有理论上严密和完善的海浪预报方法。不过人类一直在海浪研究和海浪预报方面不懈努力着。

早在19世纪中后期,英国物理学家汤姆孙和德国物理学家亥姆霍兹,曾利用平行气流和气—水界面的不稳定性理论来解释风浪产生的原因。20世纪初,英国地球物理学家杰弗里斯指出,在风的作用下波峰两侧的压力是不对称的,并依此计算了风浪的成长过程。第二次世界大战开始后,大量的舰队活动和登陆作战行动极大地推动了有关海浪的研究。1946年,挪威海洋学家斯韦尔德鲁普和美国海洋学家沃尔特·蒙克将经典液体波动理论与海洋观测资料相结合,通过能量平衡的观点计算风浪的成长,提出一套半经验、半理论的风浪和涌浪预报方法,开辟了海浪研究新局面。

美国海洋学家沃尔特·蒙克及其著作Ⓟ

斯韦尔德鲁普自1911年起担任著名的挪威气象学家威廉·皮叶克尼斯的助手,开始从事气象学和海洋学研究。1936—1948年间他担任美国加利福尼亚大学斯克里普斯海洋研究所所长,在此期间培养了包括蒙克、雷维尔等一批年轻的海洋学家,为后来斯克里普斯海洋研究所的昌盛发展和美国在国际海洋科学中的领先地位奠定了坚实的基础。1942年,斯韦尔德鲁普与美国海洋生物学家约翰逊等人合著的《海洋及其物理、化学和普通生物学》一书,对此前海洋科学的发展和研究状况进行了全面、系统和深入的总结,为海洋科学的发展指明了方向,被誉为当代海洋科学建立的标志。

1949 年
叶笃正提出大气长波频散理论

1930年代末,罗斯贝创建大气长波理论,将气象学带入了一个全新的领域。1940年代初,罗斯贝到芝加哥大学任教,影响了大批气象学家和物理海洋学家,形成了"芝加哥学派"。在"芝加哥学派"对气象学的主要贡献中,有一个理论叫大气长波频散理论,是由当时中国年轻的气象学家叶笃正创立的。

青年时期的叶笃正Ⓟ

叶笃正,安徽安庆人,1916年生于天津,这一年中国有了第一份气象记录。1939年,叶笃正在西南联合大学(抗战期间由北京大学、清华大学、南开大学联合而成)读书时结识了正在上大学四年级的钱三强(我国著名核物理学家)。叶笃正在钱三强的建议下,改变了原来学习物理学的初衷,改学气象学。1945年,叶笃正赴美国芝加哥大学留学,从此跟随导师——著名的瑞典—美国气象学家罗斯贝学习,从事刚刚兴起的大气长波理论研究。

当时,人们在利用大气长波理论进行天气预报时发现,若上(下)游某地区长波系统发生某种显著变化,会以很快的速度引起下(上)游地区长波系统发生变化,这种上(下)游引起下(上)游变化的速度,一般会大于基本气流的速度及波动本身的传播速度,而用已有的理论无法解释这一现象。在罗斯贝的建议下,叶笃正选择了这一前沿问题作为自己博士论文研究的方向。

1949年,叶笃正完成博士论文《关于大气能量频散传播》,这篇论文被誉为动力气象学的经典著作之一,直到31年后的1980年才被英国气象学家霍西金斯的"大圆理论"所推广。叶笃

世界气象组织会徽Ⓟ

正从理论上指出，天气系统发展速度与大气长波传播速度不一致，是由于波动所携带的能量的传播速度与波动自身的移动速度不同（称为波动的"频散"）引起的，他将这一现象称为上下游效应，这一理论则被称为大气长波频散理论。

大气长波频散理论是对大气长波动力学的重要完善。大气长波频散理论的提出，使人们能够理解和掌握围绕地球西风带的不同地点上空大气运动变化之间的关系，从而提前预报大范围天气的变化。直到今天，这一研究成果仍然是气象台站做4—10天天气预报的主要方法之一。

大气长波频散理论是叶笃正一生中最重要的研究内容之一，同时也是动力气象学发展中的一个里程碑。鉴于在这一理论上的贡献以及其他几项重要成果，叶笃正于2003年被授予第48届世界气象组织最高奖——国际气象组织奖（IMO奖），并被授予2005年度中国国家最高科学技术奖。

世界气象组织（WMO）前身为国际气象组织（IMO），于1873年在奥地利维也纳成立。1947年9月，该组织在华盛顿召开大会，通过《世界气象组织公约》，决定成立世界气象组织。1950年3月23日，公约开始生效，该组织正式更名为"世界气象组织"。1951年，它成为联合国的专门机构并开始运作。1960年6月，世界气象组织决定将公约生效日期——3月23日定为世界气象日。截至2013年1月1日，有191个国家和地区参加了这一组织。

世界气象组织总部大楼❶

1950年
查尼用计算机做数值天气预报

查尼℗

数值天气预报是一种根据大气的数学模型，将当前的天气状况作为初值，依靠大型计算机数值计算而进行的天气预报。尽管早在1920年代初期，英国科学家理查森首先进行了数值天气预报的尝试，但直到计算机和计算机数值模拟出现之后，数值天气预报才成为一种切实可行的实时天气预报方法。1950年，美国气象学家查尼领导的研究团队从经过简化的大气运动方程组的数学模型出发，第一次用计算机成功地进行了数值天气预报。

1917年，查尼出生于美国旧金山市，他的父母都是20世纪初从白俄罗斯来到美国的移民。高中时一次偶然的机会，查尼读到一本讲述微积分原理的书，由于中学里没有微积分的内容，查尼在阅读了很多课外资料后，试着用微积分方法解决了很多中学课本上的数学和物理难题。这大大激发了他对科学研究的兴趣，查尼立志要在数学和理论物理学领域开始自己的事业。1940年，查尼取得了美国加利福尼亚大学数学系的硕士学位。

查尼在著名的匈牙利裔美国物理学家、流体力学权威冯·卡门的建议下，从数学领域跨入气象学领域，由此开启了他成功的气象学研究之路。他于1940年代提出滤波理论，1947年提出旋转大气中的斜压不稳定理论。1950年，查尼参加数值天气预报实验，成功地做出了第一张数值天气预报图。1960年代，他提出第二类条件不稳性理论，1970年代又提出大气大尺度运动的分岔理论。他是20世纪对气象学作出过杰出贡献的科学家。

1940年代中期，匈牙利裔美国数学家、"计算机之父"冯·诺伊曼在普林斯顿大学主持了一个电子计算机项目，而查尼在1948—1956年期间领导了其中的一个气象组。查尼利用大尺度分析手段，简化了大气运动方程组。查尼认为，数值天气预报必须先从一个简单的模型出发,再逐步过渡到复杂的与现实接近的模型。当时,冯·诺伊曼的计算机还没有研制完成,第一次数值计算是在电子数字积分计算机(音译为埃尼亚克)上进行的。当时,查尼和他的同伴吃住在办公室和计算机房里,艰苦攻关,终于在1950年4月输出了世界上第一份数值天气预报。计算结果十分成功,实验做出了24小时的天气预报。预报结果清晰明了,尽管使用的是简化后的模式,但是对中纬度大气大尺度运动的预报与实际情况很相似。有趣的是,在当时的计算条件下,24小时的天气预报需要24小时的计算时间。

预报结果一经公布,立刻引起了轰动,数值天气预报从此得以迅速发展。到1980年代,全世界就已有30多个国家和地区把数值天气预报作为制作日常天气预报的主要方法。目前,就天气预报项目来说,已包含有气压、气温、湿度、风、云和降水量;就范围来说,已从对流层有限区域发展到包括平流层的半球和全球范围;就时效来说,除1—2天短期天气预报外,有的国家已能进行一星期左右的中期天气预报。

查尼和同事在计算机房进行数值天气预报实验⑩

1950年
布鲁尔—多布森环流提出

所谓布鲁尔-多布森环流，是指热带地区的空气从对流层顶上升至平流层，然后向高纬度地区流动，并在极地下沉的环流模型，它是由布鲁尔于1949年和多布森于1956年提出的，他们以此试图解释为什么在热带平流层产生了多数大气臭氧，但热带平流层中的臭氧浓度反而不如极地的高。

布鲁尔是加拿大裔英国气象学家，1937年进入英国气象局工作。1942年，布鲁尔为英国皇家空军服务。第二次世界大战后，他对平流层水汽进行了长期的观测，发现其含量比预想的要低得多。1949年，布鲁尔推测热带对流层顶附近存在上升运动，当空气穿越热带对流层顶时，发生冷凝过程，使得进入平流层的空气非常干燥，所以平流层水汽含量非常低。

布鲁尔Ⓟ

多布森也是英国气象学家，1920年到牛津大学担任讲师。多布森通过对陨石尾迹进行分析，发现对流层顶之上的大气温度并不是等温的，而是随高度的升高而上升（逆温）。过去的辐射理论认为，大气层在对流层顶之上是等温的。他进一步分析指出，平流层大气温度之所以随高度升高而上升，是由于平流层中的臭氧吸收了太阳紫外辐射能。此后，他开始观测全球不同地点的平流层臭氧浓度。结果表明，臭氧层浓度的高值区并不位于臭氧的生成区——热带，而在高纬度地区。1956年，多布森据此指出，平流层大气

千米

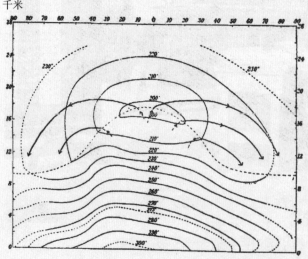

布鲁尔绘制的平流层中水汽含量分布图Ⓟ

存在从热带向两极的运动,并把热带生成的臭氧输送到高纬度地区。

与大气对流层中南北半球的三圈经向环流不同,平流层中南北半球只有一个单圈环流。而且,布鲁尔—多布森环流的形成机制也与对流层中的哈得来环流不同。对流层中的哈得来环流是由热力驱动的,但布鲁尔—多布森环流并不是热力驱动的,也不是由于热带对流层的对流运动贯穿对流层顶而造成的,而是由中纬度地区的行星波驱动的。行星波在大气对流层中纬度地区形成之后,会向上传播进入平流层,随后,其振幅

多布森⑫

迅速变大,并最终破碎,同时会形成一个向西驱动的力,驱动气块向西运动。在地转偏向力的作用下,气块向极地偏移。为了补偿中纬度平流层中的气块向极地的运动,热带平流层中的气块则向中纬度运动。

需要特别指出的是,来自对流层及平流层自身的各种化学成分和痕量气体,经光化学反应和其他化学反应后,由布鲁尔—多布森环流自热带向两极输送,影响着大气臭氧层变化,并引起气候变化。同样,气候变化也会影响布鲁尔—多布森环流。

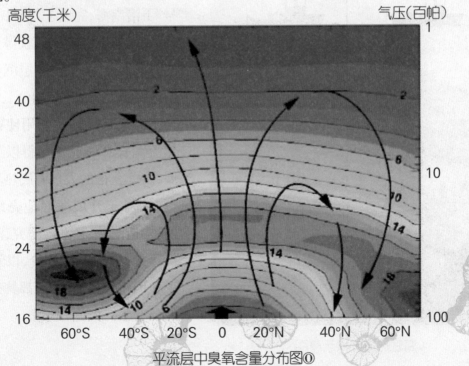

平流层中臭氧含量分布图⑩

1950—1952年
布拉德和雷维尔等进行海底热流测量

地球内部是一个巨大的热量库,它的热能主要来源于地球内部放射性元素的衰变。地球内部的热量不断地流出地表,称为热流;而在海底表层散射出来的热流,则称为海底热流。陆地上的热流测量始于1939年,而对海底热流进行测量则是从1950年代初期才开始,这主要是因为深海勘测技术难度大,很难使用仪器对海底热流进行直接观测。

1948年,英国地球物理学家布拉德等人采用间接测量的方法,研制出实用的海底热流计。他们在尖头钢管的不同部位放置温度传感器,并附上记录器制作成探针,进行海底热流测量。1949年,斯克里普斯海洋研究所在太平洋进行海洋调查时,首次使用海底热流计进行热流观测。1950年,布拉德第一次在大西洋海域进行海底热流测量。1952年,布拉德和美国海洋学家雷维尔等小组分别使用海底热流计,在大西洋和太平洋海域开展海底热流测量。近年来,我国海洋勘探与研究工作也取得了日新月异的成果。"针鱼"海底热流探针随着我国载人潜水器"蛟龙号"下潜南海,完成了其中1个站位的海底热流测量任务,获得了宝贵的海底温度、海底浅表层沉积物中的地温梯度等数据资料。

海底热流计的使用使得海底热流调查和研究工作得以迅速开展,由此获得的大量海底热流调查资料,对于开展海底地壳地质结构、构造演化、活动性研究,海洋油气资源、地热资源评价,以及海洋工程地质灾害防治等,都具有重要的理论意义和实用价值。

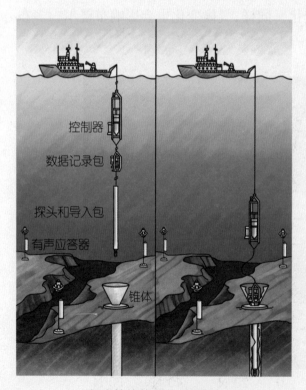

海底热流勘探示意图Ⓢ

*1956*年
菲利普斯对大气环流进行计算机数值模拟

自1950年,查尼用计算机进行数值天气预报以后,气象学家开始设计不同的大气模式,用计算机进行试验,以揭示各种大气运动发生、发展的物理成因和机制。其中,对气候变化及其影响进行研究无疑有着重要的意义。利用大气环流模式对气候进行模拟,是预测未来可能出现的气候变化的有效方法。这种实验可以为提高天气预报准确率提供参考依据。

普林斯顿高等研究院气象项目部分成员:左一为查尼,左二为菲利普斯(摄于1952年)⑫

美国气象学家诺曼·菲利普斯在1956年第一次利用二层准地转模式(准地转,即气压梯度力与地转偏向力近似相等,且方向相反,风向沿等压线),在计算机上成功地对大气环流进行了数值模拟。

早在芝加哥大学读研究生时期,菲利普斯就接触了许多大气环流理论,仔细研究过美国气象学家查尼的工作,从而产生了研究动力气象学的兴趣。对这些气候模式的理论和数值研究,为他后来进行大气环流数值实验打下了基础。

1954年,有两个研究项目放在菲利普斯面前:一个是对斜压大气(斜压大气中,等压面、等密度面和等温面彼此相交)运动的理论研究;另一个则是对大气环流的气象学研究。那年,他被普林斯顿高等研究院聘用,但当时他正在斯德哥尔摩访问,在研究正压(正压大气中,等压面、等密度面和等温面重合)模式的过程中开始思考大气环流的数值实验。1954年4月,菲利普斯到普林斯顿高等研究院后,便开始着手大气环流数值模拟实验。

1956 年，菲利普斯利用计算机进行了第一次大气环流的数值实验。实验设计十分简单，没有考虑地形的影响，也没有考虑海陆分布的影响，但是实验成功地模拟出了大气环流的主要特征。实验对大气中能量循环给出了合理的模拟，并合理解释了大气物理过程的相互作用，同时也证实了锋面生成和大气行星波之间的联系。他的工作引起了气象学界的广泛关注，从而开创了大气环流数值模拟的时代。

尽管大气环流数值模拟是1950年代后才发展起来的，和数值天气预报一样，仍有许多不太完善的地方，然而却成为研究大气环流和天气演变过程的新途径和有效方法，它是大气科学从定性的、描述性的学科发展成定量的、实验性的学科的重要标志。

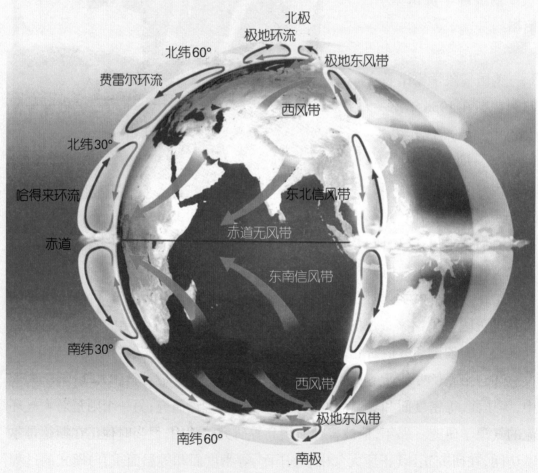

现代技术模拟的全球大气环流示意图©

 1957 年
希曾和萨普发表北大西洋海底地形图

我们生活的地球有71%的面积被海水覆盖，海洋是人类巨大的资源宝库，千百年来人类一直从未停止过对海洋的探索。随着工业革命的发展，处于资本主义早期阶段的欧美国家为了满足社会发展的需要，在铺设海底电报电缆、开发海底油田、发展海上运输等的同时，开展了对海底地形的研究。

1872—1876年，英国"挑战者号"开展环球海洋科学调查，利用缆绳测深的方法发现了北大西洋中部有一条巨大的海底山系。1925—1927年，德国"流星号"在南大西洋开展海洋调查，使用回声测深仪测量水深，发现了纵贯整个南大西洋并延伸到印度洋的中央海岭。

1953年，美国"维玛号"海洋科学考察船被划归哥伦比亚大学拉蒙特地质研究所，用于在大西洋海域进行海洋地质调查。美国地质学家萨普是该所的地质绘图员和研究助理，在美国地球物理学家尤因和海洋地质学家希曾的领导下开展全球海洋海底地形图编绘工作。希曾将"维玛号"在大西洋海域的水深调查数据以及其他来源的全球海洋水深资料汇总给萨普，由萨普负责将这些数据统一编绘在大洋海图上。

1956年，希曾和尤因总结了已有的海底地貌资料，提出在世界各大洋的海底都有洋中脊存在，并在洋中脊体系内发现一系列横切洋中脊的大型断裂带。1957年，希曾和萨普发表了经过系统编绘的北大西洋海底地形图，首次向世人展示了耸立于大西洋底、蜿蜒数千千米的大西洋洋中脊地形。

此后，希曾和萨普又先后编绘了印度洋、大西洋和太平洋的彩色立体海底地貌图。1977年，萨普根据全球海域的测深资料首次完整地编绘出全球大洋的洋中脊地形图。大洋洋中脊的发现，为海底扩张学说和板块构造理论的建立提供了有力的证据。

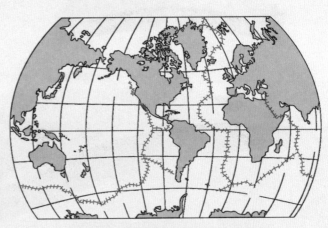

全球大洋的洋中脊分布图Ⓦ

171

1960 年代
海底扩张学说的建立

1950年代,海洋科学领域中百花齐放,海洋学家取得了丰硕的研究成果。1956年,尤因和希曾总结了已有的海底地貌资料,提出世界各大洋的海底都有洋中脊存在,并在洋中脊体系内发现一系列横切洋中脊的大型断裂带。1957年,希曾和萨普发表了经过系统编绘的北大西洋海底地形图,首次向世人展示了耸立于大西洋底、蜿蜒数千千米的大西洋洋中脊地形。

哈雷·赫斯Ⓦ

随着海底地质地貌被不断揭示出来,海洋地质学家进入了更深层次的理论思考。美国普林斯顿大学的哈雷·赫斯结合海底地形、地震分布、海底火山和深海沉积等前人的研究成果,于1960年发表了《大洋盆地的演化》一文,其中首次提出了海底扩张学说。而海洋地质学家迪茨,在1961年发表的论文中,也曾独立提出海底扩张学说,并应用海底扩张作用讨论大陆和洋盆的演化。1962年,赫斯发表论文《大洋盆地的历史》,进一步充实和完善了海底扩张学说。赫斯设想,大洋洋中脊是热流上升而使海底裂开的地方,地幔的热对流使熔融的岩浆从该处喷出,推开两边的岩

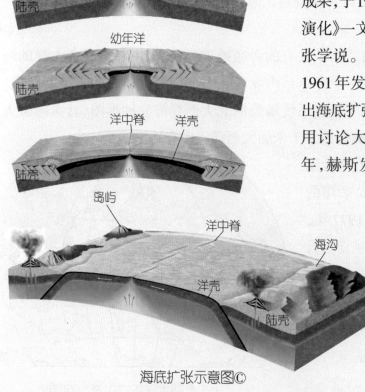

穹形隆起

陆壳

幼年洋

陆壳

洋中脊　洋壳

陆壳

岛屿

洋中脊

海沟

洋壳

陆壳

海底扩张示意图Ⓒ

石形成新的海底,而大陆被动地受到地壳下部对流作用的推动,以每年几厘米的速度推向两边,就好像被放置在一条传送带上运动,这使得海底不断地更新和扩张。虽然这一充满想象力的观点能够解释说明很多地质现象,但由于缺少确切的证据,当时并没有被所有人所认同。

1962年,还在读研究生的英国海洋地质学家瓦因和他的导师、英国海洋地质学家马修斯,参加了"欧文号"科学考察船在印度洋卡尔斯伯格海岭及大西洋洋中脊海域开展的海洋地磁调查工作。1963年,瓦因和马修斯对测得的洋底地磁资料进行分析,在洋中脊附近发现了一系列与洋中脊平行的洋底磁异常条带。他们经过研究后提出,洋底磁异常条带的出现是由地磁场周期性地发生正反向倒转,使不断从洋中脊缓慢涌出的熔岩地壳被交替磁化而产生的,并提出洋底平行分布的磁异常条带可以验证海底扩张学说。1965年,加拿大多伦多大学的文斯和威尔逊在胡安·德富卡洋中脊找到了地磁反转的证据。这一发现为"瓦因—马修斯假说"提供了有力的支持。在随后几年,美国哥伦比亚大学的奥普代克通过对深海中获取的样本进行分析,绘出了地磁场反转时间表,从而使海底扩张学说得到验证。

总的说来,海底扩张学说能较好地解释一系列海底地质现象,但其在扩张机理方面还存在有待解决的难题。海底扩张学说的确立,使大陆漂移学说由衰而兴,为板块构造学说的建立奠定了基础。

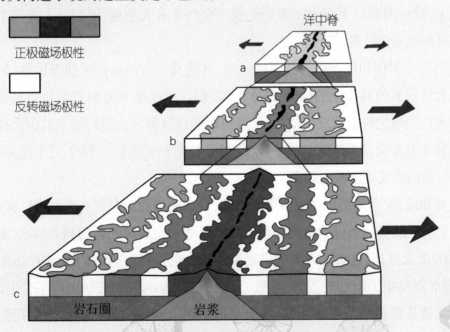

洋中脊两侧对称的古地磁异常条带Ⓦ

1960 年
皮卡尔德和沃尔什创造深潜纪录

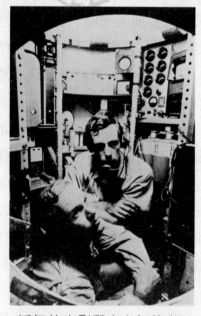

沃尔什中尉和皮卡尔德在
探测器舱室内Ⓦ

1960年1月23日，瑞士著名深海探险家雅克·皮卡尔德与美国海军中尉、海洋学家沃尔什乘着"迪里亚斯特号"深水探测器，成功潜入世界上最深的海沟——马里亚纳海沟，下潜深度10 916米，并停留了20分钟，创造了人类历史上最深的潜水深度。

在经历了近9个小时的深海冒险之后，"迪里亚斯特号"重新返回关岛附近海面。沃尔什与皮卡尔德相继爬出这艘意义非凡的潜水器，两人面对一望无际的海面，等待着4英里外的一艘船"刘易斯号"接他们返回陆地。当时，他们预测两年之后便会有人改写马里亚纳海沟的潜入纪录，但现在看来此估计实在过于乐观了。事实上，这一海面以下10 916米的纪录至今尚未有人超越，他们是人类当之无愧的潜水最深纪录保持者。

当年沃尔什和皮卡尔德的下潜行动，其意义一方面是探索深海世界，另一方面也是为日后其他科学家的探险"试水"。"我们已成功潜入海沟最深处的事实向其他深海研究领域的科学家发出信息：已经可以通过这种方式进行安全的深海探险。"从某种意义上来说，与"迪里亚斯特号"的制造者皮卡尔德父子不同，对于沃尔什来说，深潜行动的意义更多在于后者。

要知道，深潜是需要克服多重困难的，最大的问题就是要克服海底巨大的压力，其次是对人的身体条件的苛刻要求。马里亚纳海沟最深处达到11 034米，水压高达近1100个大气压，这对于人类来讲是一个巨大的挑战。当他们潜到9785米深的时候，潜水器发生了剧烈的震动，导致一块19厘米厚的舷窗玻璃出现了轻微的裂痕。皮卡尔德非常担心会有意外发生，但是他不愿放弃这次难得的机会。"我们继续下潜，就像刚才一样。没有多余的废话，我和同伴一致决定。"皮卡尔德曾在回忆这次

"迪里亚斯特号"载人深潜器Ⓦ

潜水时说,"这并不长的11千米的距离,花了他们5个多小时的时间。"但巨大的水压使得他们仅仅在海底呆了20分钟后,就不得不返回。

在大洋的最深处,皮卡尔德发现了许多人类从未见过的深海动物:30厘米长的样子像海参的欧鲽鱼,形状扁平的鱼……在这个高压、漆黑、冰冷的深海世界中,居然还有生物悠闲自在地生活着,让他们十分震惊。他们亲眼见证了有机生命的存在,这一发现最终促使向深海倾倒核废料的禁令出台。

2008年11月1日,皮卡尔德在日内瓦去世,享年86岁。皮卡尔德的儿子贝特朗发表声明说:"作为20世纪最后的几位伟大探险家之一、比任何人都下潜得更深的真正的'尼莫船长'(法国19世纪科幻著作《海底两万里》中的人物),雅克·皮卡尔德1日去世于他钟爱的日内瓦湖边的家中。"

雅克·皮卡尔德及其助手在下潜前为"迪里亚斯特号"做最后的检查Ⓟ

1960年

"泰罗斯1号"气象卫星发射

气象卫星是人造地球卫星的一种,专门用于从太空对地球及其大气层进行气象观测。按运行轨道不同,气象卫星可分为两类:一类是轨道平面通过地球南北两极并与太阳照射角度同步,称为极(地)轨(道)气象卫星;另一类则位于地球赤道上空约3.6万千米高处,相对于地球处于静止状态,轨道平面与赤道平面重合,称为对地静止(轨道)气象卫星。卫星上载有可见光、红外线、微波等各种遥感仪器,可进行全球或区域气象观测,可测得如热带气旋、雷暴、寒潮等灾害性天气系统的云系分布概貌,还能监测大气层中某些气象要素的分布和变化,如地面或海面温度、大气温度和大气湿度的垂直分布、风以及各种辐射资料。

1960年4月1日,美国成功发射了首颗气象卫星"泰罗斯1号"(Tiros-1)。气象卫星搭载电视红外观测设备,在离地面约700千米的高空沿接近圆形的轨道运行,在78天的生命周期里传回2万多张图片。1974年5月17日,美国发射了首颗对地静止(轨道)气象试验卫星,以后的对地静止(轨道)气象卫星都编制为GOES系列,主要装载的气象探测仪器有多通道成像仪和大气垂直廓线探测仪等。欧洲的许多国家和日本也先后建立了气象卫星系列。苏联及其后的俄罗斯也在其"宇宙"系列卫星计划中发射了多颗气象研究卫星。

1957年,苏联成功发射了世界上第一颗人造地球卫星,受此鼓舞,中国大气物理学家赵九章等科学家于1958年提出了中国自力更生发展人造地球卫星的建议。1964年12月,赵九章给周恩来总

"泰罗斯1号"气象卫星①

理写信,建议将发射人造地球卫星正式列入国家计划,很快获准立项,为中国人造地球卫星事业包括气象卫星事业的发展奠定了基础。

1988年9月7日,中国发射了第一颗气象卫星——"风云1号"极(地)轨(道)气象卫星。由于卫星上的元器件发生故障,它只工作了39天。后来又相继发射了多颗极(地)轨(道)气象卫星("风云1号"系列和"风云3号"系列)和对地静止(轨道)气象卫星("风云2号"系列)。2008年5月27日,中国成功发射的"风云3号"气象卫星,它是中国第二代极(地)轨(道)气象卫星,其技术和功能更为先进。

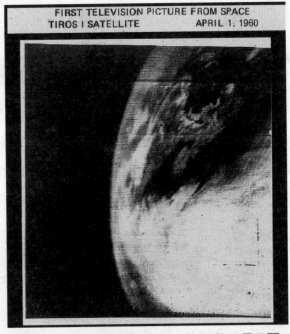

"泰罗斯1号"发回的世界第一张气象卫星云图①

如今的气象卫星不仅用于气象观测,还用来测算洪涝灾害的灾区分布,进行农作物生长的动态监测,其中包括农作物病虫害及冻害监测、农作物播种面积测算、农作物单位面积产量的预报等。除此之外,也能用来探测森林和草原火灾,分析鱼群活动情况等。

现代气象卫星Ⓨ

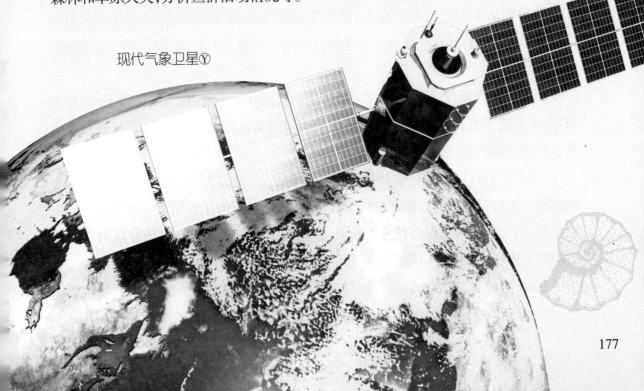

1961 年
"莫霍计划"实施深海地壳钻探

也许,我们每个人小时候都曾经幻想过从自己生活的地方向下穿越地心,挖一条隧道,快速到达到地球的另一端,看看那里的世界!可上了地理课才知道,地球内部并不是最初想象的那样冰冷而坚固,这个半径大约6371千米的近似椭圆的星球,其内部实际上分了好几层,想要穿越它,可以说比"登天"还难!

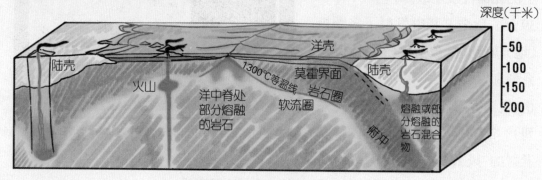

莫霍界面的位置⑤

在20世纪初,地震学家已经清楚地知道,从地表向下地震波速在逐渐增大。并且在洋底之下约6千米,大陆之下约30—50千米处,有一个地震波速突然增大的波速间断面(过渡带),这是克罗地亚地球物理学家莫霍洛维契奇于1909年发现的,这一重要界面后来以他的名字命名,被称为莫霍洛维契奇不连续界面,简称莫霍界面。莫霍界面的存在反映了地壳和地幔在物质上的显著差异,引起了地质学家的极大兴趣。

莫霍界面埋藏深度不一,在大洋下面较浅,只有几千米;在大洋中脊下面,几乎为零;在大陆下面,莫霍界面的平均深度约为40千米,所以,莫霍界面在地表极少出露,这也使地质学家对它的研究受到很大限制。

1957年3月,在美国科学基金会的一次会议上,美国海洋学家蒙克提出了一个用超深钻头打穿地球莫霍界面的科学设想,得到了美国海洋地质学家赫斯等人的积极响应。1957年9月,深海钻探委员会成立,向美国科学基金会提出钻穿海底莫霍界面的立项建议,1958年该项建议得到支持,"莫霍计划"开始启动。

1960年12月,美国科学基金会与洛杉矶环球海洋勘探公司签订协议,决定由该公司的"卡斯1号"钻探船负责实施莫霍计划钻探任务。

"卡斯1号"钻探船(右)及其用于动态定位的舷外发动机(左)⑫

　　1961年3月23日—4月12日,钻探船在墨西哥西岸瓜德鲁普岛以东40海里、水深3558米的海域开始海底钻探工作,先后钻得5个深海钻孔,最大孔深为183米,打穿了该海域的深海沉积层,并向下部玄武岩基底钻进了13米。这次钻探工作是人类第一次成功地实施深海钻探作业,证明利用深海钻探获取洋底沉积层和基岩样品在技术上是可行的。同时,钻探获得的玄武岩样品也首次直接证实了大洋地壳第二层由玄武岩组成的科学推断。

　　但是,美国科学基金会低估了该项目实施的技术难度和经费消耗,在后续经费预算不断加大、项目主管部门发生变更的情况下,美国国会于1966年8月最终否决了对该项目的拨款预算,"莫霍计划"被迫中止。

　　尽管如此,海洋深钻计划却在继续着,人类从来没有到达过比从地表到地幔三分之一的距离更深的地方。

　　2012年,由日本牵头的一个国际科研团队开始启动"莫霍超深钻到地幔"项目。

　　人类虽然已经登上月球,甚至已经将触角伸向了太阳系中最内层的星球——水星,但是我们对于占地球质量68%的地幔知之甚少。最新启动的向地幔进军的计划无疑将为人类了解自身、了解地震等自然灾害作出巨大的贡献。

1963年
洛伦茨开创混沌理论

"南美洲亚马孙热带雨林中的一只蝴蝶偶尔扇动几下翅膀,两周后可以在美国得克萨斯州引起一场龙卷风。"乍一听,这句话很不靠谱,但就是这么一句不可思议的话却在美国气象学家洛伦茨的计算机中成为现实。

蝴蝶效应想象图ⓒ

洛伦茨本是一名数学家,1942—1946年在美国空军服役时当过天气预报员,第二次世界大战结束后他便改行研究气象学,并主要从事数值天气预报方面的研究工作。

1961年的一天,已是美国麻省理工学院气象学教授的洛伦茨在用计算机模拟天气过程,以此来进行数值天气预报试验。为了节省时间,他把原来小数点后保留了6位的初始数据用仅保留3位数据的方法来进行计算。当他喝了杯咖啡回来看结果时大吃了一惊,他发现,刚开始的计算结果与上一次的计算结果相差不大,但越往后计算结果相差越大,到后来简直是相差十万八千里。检查了计算中的每个细节后他发现,原来,初始数据上的微小差异在计算中会不断累积,并以极快的速度增长,最后造成重大的差异。

如果这个结论是正确的,那就意味着开始时微小的空气扰动会不断地对天气系统产生影响,最后导致完全不一样的天气系统。他形象地将这一过程以"蝴蝶扇动翅膀"的方式来进行阐释,于是就有了开头的那句话。

这就是所谓的"蝴蝶效

蝴蝶效应引发的风暴想象图Ⓞ

应"。这个效应说明,天气系统对初值的变动具有很强的敏感性,初始条件的微小偏差长时间后会使天气系统彻底偏离原来的演化方向,这也从理论上说明天气系统具有内在随机性,长期天气过程是难以作出准确预报的。1963年,洛伦茨正式提出这个效应。正是由于他的这一发现,不久后混沌理论诞生了。

1963年,洛伦茨简化了原有的天气模式,提出了一个含有三个变量的洛伦茨模型,这是一个简单的混沌系统。通过对模型进行数值计算,他发现了奇怪吸引子现象。吸引子是一个数学概念,它是指这样的一个系统:当时间趋于无穷大时,在任何一个有界集上出发的非定常流的所有轨道都趋于它。而在有限的空间里,吸引子经过反复重叠表现出很奇怪的形状,所以称为奇怪吸引子。

在洛伦茨模型里,吸引子像一只展开翅膀的蝴蝶。模型中某一参数微小的改变,都将导致系统行为的质变:从静态到周期运动,从静态或周期运动到准周期运动,以及从静态、周期运动或准周期运动到混沌;而混沌也可能变为更复杂的混沌,这种变化叫作分岔。就这样,洛伦茨的一个偶然发现开辟了一个全新的科学领域——混沌理论,他对整个自然科学的发展作出了重大贡献。

近年来,混沌理论不断与其他学科相互碰撞,从而衍生出许多交叉学科,如混沌气象学、混沌经济学、混沌数学等。除此之外,混沌理论

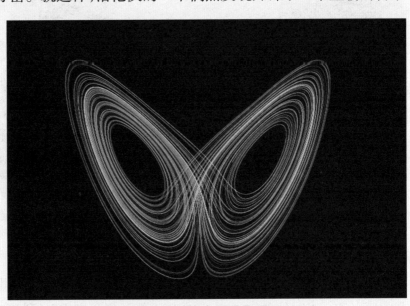

洛伦茨模型中的奇怪吸引子Ⓦ

与工程技术的联系也愈来愈密切,它在生物医药工程、动力学工程、化学反应工程、电子信息工程、计算机工程、应用数学和实验物理等领域中都有着广泛的应用前景。随着人们对混沌理论研究的不断深入,相信它将会更好地为人类服务。

1966年

松野太郎等发现赤道地区存在开尔文波和混合罗斯贝重力波

开尔文波和混合罗斯贝重力波这两种波动是迄今气象学中仅有的首先在理论上被提出，随后才在观测中被证实的大气波动。1966年，日本气象学家松野太郎的理论成果成为气象学界的一段传奇。

松野太郎[1]

1950年代末，松野太郎还在东京大学攻读气象学博士学位时，就对热带气象学非常感兴趣。当时他参与了"东京数值天气预报研究组"的科研工作，以期将数值天气预报的方法应用到日本的实际天气预报业务中。在做数值天气预报时，地转平衡是一个重要概念（地转平衡，即运动大气受到的气压梯度力与地转偏向力平衡时的状态）。松野太郎注意到，早期研究已经证明地转平衡在中高纬地区是近似成立的，但低纬地区地转偏向力很小，地转平衡是否成立尚无结论。

于是，松野太郎针对赤道地区各物理量的大小，对大气运动方程组作了简化，从而在理论上得到两种新的赤道地区的波动解。他将这一结果写进了他的博士论文，

混合罗斯贝重力波是台风生成的关键因素①

但因当时还没有在赤道地区发现这两种波动,所以未能在正式的学术期刊中发表。在经过数次挫折后,这一成果最终刊登在1966年第一期的《日本气象集志》上。

一年后,美国加利福尼亚大学洛杉矶分校的柳井迪雄教授在分析观测资料时发现,赤道地区存在一种向西传播的波动,它兼有罗斯贝波和重力波的性质,于是称之为混合罗斯贝重力波。两年后,美国气象学家约翰·华莱士等人发现赤道地区存在一种向东传播的波动,称之为开尔文波。这两种新发现的波动的性质,与松野太郎给出的理论解很吻合。至此,人们终于从观测和理论两个方面确认了这两种赤道波动的存在。

后来的研究发现,这两种赤道波动对大气的变化有重要作用。例如,混合罗斯贝重力波在台风的形成中起到关键的作用,而开尔文波对恩索循环(厄尔尼诺和拉尼娜与南方涛动相结合产生的全球尺度的气候振荡)和热带大气低频振荡的形成有重要作用。

罗斯贝奖章①

松野太郎的这一理论工作奠定了热带大气动力学和海洋动力学的基础。由于这一重要的理论贡献及其他几项重要成果,1999年松野太郎被美国气象学会授予最高学术成就奖——罗斯贝奖。

1967—1968 年
摩根等提出板块构造学说

　　1965 年,随着海底扩张学说得到验证,对于在赤道大西洋洋中脊上发现的具有明显错位关系的巨大破裂带,加拿大地质学家威尔逊作出了新的成因推断。他认为,这些断层把洋中脊切成小段,它们不是一种简单的平移断层,而是一面向两侧分裂、一面发生水平错动的断层,威尔逊称之为转换断层。威尔逊提出转换断层概念的同时还指出,地球表层可划分为若干刚性板块。

摩根(左)获得美国国家科学奖章Ⓦ

　　1967—1968 年,美国地球物理学家摩根、英国地球物理学家麦肯齐和帕克,以及法国地质学家勒皮雄等人,结合地壳的生长边界洋中脊和转换断层,以及地壳的消亡边界海沟、造山带和地缝合线等一系列构造带,经过综合分析提出了板块构造学说。他们认为,地球的岩石圈不是完整的一块,而是被分割成许多构造单元,

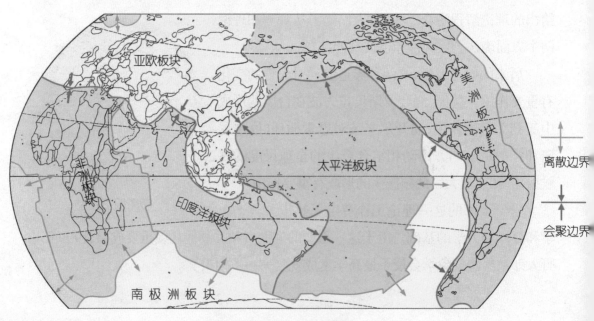

全球六大板块分布图Ⓒ

这些构造单元叫作板块。全球的岩石圈分为亚欧板块、非洲板块、美洲板块、太平洋板块、印度洋板块和南极洲板块,共六大板块。其中,太平洋板块几乎完全在海洋中,其余五大板块都包括有大块陆地和大面积海洋。大板块还可划分成若干次一级的小板块。

这些板块漂浮在软流层之上,处于不断运动之中。一般说来,板块内部的地壳比较稳定,而板块与板块之间的交界处则是地壳活动较活跃的地带。地球表面的基本面貌,是由板块之间相对移动引发其彼此碰撞或张裂而形成的。在板块张裂的地区,常形成裂谷和海洋,如东非大裂谷、大西洋就是这样形成的。在板块相撞挤压的地区,常形成山脉。当大洋板块和大陆板块相撞时,大洋板块因密度大、位置较低,便俯冲到大陆板块之下,这里往往形成海沟,成为海洋最深的地方;大陆板块受挤上拱,隆起成岛弧和海岸山脉,如太平洋西部的深海沟和岛弧链,就是太平洋板块与亚欧板块相撞形成的。在两个大陆板块相碰撞处,常形成巨大的山脉,喜马拉雅山就是印度洋板块与亚欧板块碰撞过程中产生的。此外,板块构造理论还能很好地解释火山、地震的形成和分布,以及矿产的生成和分布等。

板块构造学说是近代最盛行的全球构造理论,它的提出使地球科学第一次对全球地质作用有了一个比较完善的理解。那么,是什么力量驱动着板块做大幅度、持续性的运动? 人们普遍认为,地幔对流运动是板块运动的驱动力。新全球构造理论认为,不论陆壳或洋壳都曾发生并还在继续发生大规模水平运动,但这种水平运动并不像大陆漂移学说所设想的,发生在硅铝层和硅镁层之间,而是岩石圈板块在整个地幔软流层上的移动,大陆只是地幔软流层这个"传送带"上的"乘客"。

板块运动示意图©

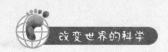

1968—1983年

美国实施"深海钻探计划"

在漫长的地球历史中,大陆漂移、板块运动、火山爆发和地震等都是地壳运动的表现形式。由于洋底是地壳最薄的部位,是人类将研究的触角伸向地幔的最佳通道,因此大洋钻探成为研究地球系统演化的最佳途径。20世纪以来,人类在地球科学领域共实施了3个全球性的大洋钻探计划,并取得了突出的成绩,"深海钻探计划"(DSDP)就是其中的第一项。

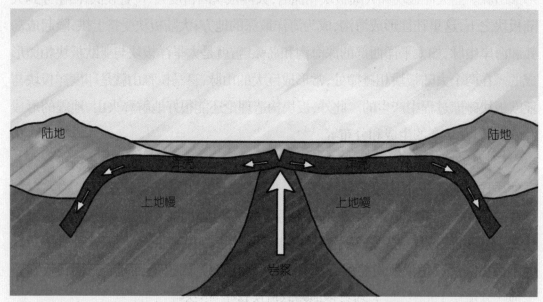

海底扩张示意图⑤

20世纪初,海底扩张学说提出以后,海洋地质学界迫切希望从深海海底岩层中取得直接证据来证明这一理论。

1964年5月,美国加利福尼亚大学斯克里普斯海洋研究所、哥伦比亚大学拉蒙特地质研究所、伍兹霍尔海洋研究所、迈阿密大学海洋科学研究所(后来还有华盛顿大学加入)联合组建了"地球深层取样联合海洋机构"(JOIDES)。他们吸取、总结了"莫霍计划"实施中取得的经验和教训,改进了钻探设备和钻探方法,并提出了DS-DP,旨在通过获得海底岩芯样品和井下测量资料来研究大洋地壳的组成、结构、成因、历史及其与大陆的关系。

为完成DSDP的科学目标,在美国科学基金会的支持下,全球海洋公司承建了的"格洛玛·挑战者号"深海钻探船。该船长121米,宽19米,中部竖立着43.3米高的钻井塔,排水量为10 500吨,设计最大工作水深为6096米,设计最大钻探深度为7615米。"格洛玛·挑战者号"于1968年3月建成下水,1968年8月11日开赴墨西哥湾海域,开始正式执行DSDP任务。"格洛玛·挑战者号"只用了5年半的时间,就完成了DSDP三期钻探计划。

"格洛玛·挑战者号"深海钻探船⑪

由于DSDP执行后取得了丰硕的成果,吸引了苏联、联邦德国、法国、英国、日本等国相继加入联合体,DSDP于1975年发展进入到"大洋钻探国际协作阶段"(IPOD),标志着DSDP进入国际合作的新时代。

IPOD是DSDP的第四阶段,它继续沿用DSDP的航次和编号。"格洛玛·挑战者号"从1975年12月第45航次开始执行IPOD钻探任务,重点研究洋壳的组成、结构和演化。1983年11月,DSDP完成了所有预定任务,宣布结束。

在DSDP执行的15年间,"格洛玛·挑战者号"总计完成96个航次的大洋钻探任务,在世界各大洋的624个钻探地点进行了钻探取样,总进尺为325 548米,洋底最大钻进深度达1741米。

根据DSDP在大西洋洋底的钻探取样和测年分析,发现从大洋中脊向两侧的玄武岩基底年龄越来越老,从而为洋底扩张的假说提供了决定性的证据;在南大洋的钻探,发现大洋洲和南美洲在二三千万年前才完全离开南极大陆,于是南大洋形成环南极洋流,造成南极的"热隔离",结果导致南极冰盖的出现,这项发现被誉为古海洋学新学科建立的标志。

DSDP取得的大批资料弥补了近代地质学在深海地质方面的研究空白,为古海洋学提供了中生代以来的第一手研究资料,极大地推动了海洋地质学的发展,为丰富和发展近代地质学理论作出了卓越的贡献,被誉为"一条船引发了(地球科学)一场革命"。

1971—1975 年
法国和美国联合调查大西洋中脊

我们已经知道，如果把全球大海里的水抽干，可以看到大海水面下的世界不是一马平川，而是有着起伏的地形。和陆上地形最大的不同是，大洋的底部有一些连续的海底山脉，特别是在大西洋，其中部从南到北纵贯着一条海底山脉，外形上极像我们人体的脊椎，因此我们形象地称它为"洋中脊"。

洋中脊是地球表面规模最巨大的形态，它纵贯四大洋，绵延80 000多千米，是火山作用形成的山脉。在某些地区，火山的顶峰高出海面，形成岛屿，如大西洋中的冰岛、亚速尔群岛、阿森松岛。虽然洋中脊的中央高起地带比较狭窄，但是整个洋中脊却有数百千米宽，如大西洋中脊就占据了大西洋洋盆三分之一以上的面积。虽然整个地球上的洋中脊都是连续的，但是由于在洋中脊延伸的漫长距离上，存在着许多特殊的地层（称为"转换断层"），因此整个洋中脊有多处被错断开。此外，沿着洋中脊的延伸方向存在着狭长的中央裂谷，裂谷是由它两侧的高角度断层形成的地堑。洋中脊被认为是海底扩张的起始点，因此对于研究板块学说有着重要的意义。20世纪地球科学最伟大的学说——板块学说得以验证也始于对大西洋中脊的考察。

冰岛①

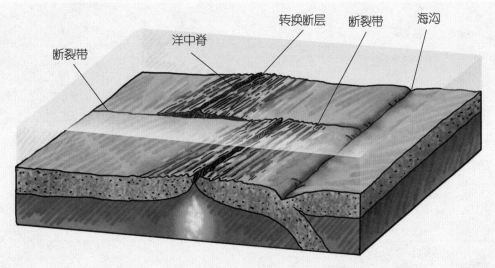

洋中脊示意图⑤

1912年魏格纳提出的大陆漂移学说由于缺少有力的证据,一直没有得到广泛的承认。1950年代,海洋探测的发展证实海底岩层薄而年轻(最多二三亿年,而陆地有数十亿年的岩石);另外,1956年开始的海底磁化强度测量发现大洋中脊两侧的地磁异常是对称的。据此,美国学者赫斯提出海底扩张学说。

为了进一步验证和发展海底扩张学说,直接考察大西洋中央裂谷的地质现象,对正在形成新洋壳的分离型板块边界进行直接观测,1971—1975年,法国和美国联合实施了"法美大洋中部海底研究计划"(FAMOUS),由美国伍

赫斯℗

兹霍尔海洋研究所的地球物理学家海茨勒任首席科学家。调查工作调用了法国"西安纳号""阿基米德号"和美国的"阿尔文号"3艘深潜器,以及若干水面调查船、后勤补给船。其中"阿尔文号"深潜器有着传奇般的经历,它曾因为执行过打捞美国遗失氢弹等任务而名声大振,并且当时已完成了5000多次深水作业任务。调查区选在大西洋亚速尔群岛西南部北纬36°30′—37°附近的大洋裂谷带,该裂谷带具有典型的大洋裂谷特征,并且与转换断层交切,水深在3000米左右。

在正式开展深潜调查前,调查队对工作海域进行了详细的海底地形测绘和地

"阿尔文号"载人深潜器ⓦ

震、重力、磁力勘探,以及底质采样和摄影观测等。随后,在1973年8月2日—1974年9月3日间,调查队先后完成51次深潜调查,累计水下工作时间228小时,在洋底潜航91千米,并在167处采样点采集了重约2吨的岩石样品,拍摄了27 000张照片及大量的录像资料。在洋中脊裂谷带发现了大量新鲜的熔岩、年轻的火山丘、平行裂谷延伸的正断层,以及开口的张性裂隙、岩墙露头等,而这些玄武岩质的新鲜岩浆仅仅覆盖了1—2千米的范围;查明了大洋裂谷和转换断层的详细地质特征;采集了深海热液矿床标本。

FAMOUS成功地实现了人类第一次搭载深潜器进入洋中脊中央裂谷带进行实地考察,获取了当时最为详细的大西洋中脊地磁、地球化学、重力场和地震波数据,在海洋地质调查史上开创了新的研究途径。调查在洋中脊裂谷带发现了大量的新生洋壳岩石和构造地质现象,为海底扩张学说提供了直接证据。在考察过程中发展了很多新的地学研究手段,如多波束成像技术,使地球科学家第一次能够获得水下的立体地形图,这一技术目前已被广泛应用于地表遥感研究和深空探测研究中。同时,这一计划也为多学科联合考察地球科学基础问题提供了很好的示范,通过多学科的合作考察,很多单一学科难以解答的问题,很快得到了解决,这也使学科交叉研究得到了广泛的关注。

1972 年
洛夫洛克提出盖娅假说

盖娅假说是由詹姆斯·洛夫洛克在1972年提出的一个假说。简单地说，该理论认为地球是一个生命有机体，具有自我调节的能力，假如她的内部出现了一些对她有害的因素，她将利用自身的反制回馈机制去除有害因素，维持有机体的健康。

约公元前400年，柏拉图就曾提出与"地球是巨大的活生物体"相类似的观点。詹姆斯·洛夫洛克是英国科学家，1960年代受聘于美国宇航局，探索火星上生命存在的可能性。他通过分析大气情况探寻遥远行星上的生命，同时也在研究地球上的生命。他指出，我们行星上的大气原来由无法支撑生命

洛夫洛克①

存活的混合气体组成，通过地球化学过程（如岩石侵蚀）和大气支持的有机物活动（如植物的光合作用，消耗二氧化碳并产生氧气），地球上的大气才得以达到平衡比例，以维持生命。他在命名该理论时借用了古希腊大地母亲女神盖娅（Gaia）的名字，提出陆生生物过程和自然过程共同作用，产生并调节有益于生命生存的环境。

该观点于1972年首次提出，主流科学家主要以其不够严谨为由，坚决拒绝接受。1981年，这一观点才首次得到支持。当时，洛夫洛克创造出计算机模拟的反射或吸收太阳辐射的白色或黑色雏菊世界。由于雏菊的数量会随着地表温度的变化而相应改变，因此雏菊群能够维持一个自动控温的星球。此后，更多生物多样性的复合模型提高了该系统的稳定性。

盖娅假说启示人们，环境问题是涉及整个地球生态系统的问题，要解决这个问题，不仅需要用系统的或整体的观点和方法来认识人类生产和生活方式对生态环境影响，而且需要人类共同行动。同时，盖娅假说也从道义上启示人们，包括人类在内的所有生物都是地球母亲的后代，人类既不是地球的主人，也不是地球的管理者，只是地球母亲的后代之一。因此，人类应该热爱和保护地球母亲，并与其他生物和睦相处。

1977 年
柯里斯发现海底热液生物群

在广袤静谧的大洋深处和冰冷黑暗的海底世界,总有些特殊的地带不断喷出浓重的黑色、白色或黄色的热液流体。这些热液喷出后与冰冷的海水相遇,热液中的矿物质沉淀析出,在喷口附近沉淀下来,并逐渐形成烟囱状的物质,科学家们称之为"黑烟囱"或"白烟囱"。

正在喷射热液的海底"黑烟囱"Ⓦ

"黑烟囱"通常富含硫化物,"白烟囱"因为富含钡、钙和硅元素,颜色较浅。这些"烟囱"耸立在海底,可以高达十来米甚至数十米,它们的形成和生长都十分迅速,也会很快倒塌,形成一片金属矿床。然而,在这样没有阳光、环境温度高达三四百摄氏度、遍布剧毒金属硫化物的地方并非一片死寂,在"烟囱"的周围,竟然生活着许多耐高温、耐高压、不怕剧毒、无需氧气的生物群落,包括细菌、古菌、病毒、底栖生物和浮游动物等,其繁茂程度甚至超过了亚马孙河流域,科学家称之为海底热液生物群。那么,这些奇特的深海景观是如何被发现的呢?

正在喷射热液的海底"白烟囱"Ⓦ

海底热液生物群——管栖蠕虫和巨型贝类Ⓦ

1970年代早期,法国和美国联合实施"法美大洋中部海底研究计划"(FA-MOUS),利用载人深潜器在大西洋中脊海底发现大量冒着气泡的海底热液喷泉。

1972年,美国海洋学家柯里斯在东太平洋加拉帕戈斯裂谷海域考察时,发现该海域底层水温很高,怀疑该处可能有海底热液喷泉。柯里斯等人根据调查资料向美国科学基金会提出申请,建议对位于太平洋的加拉帕戈斯裂谷带进行海洋深潜调查。

1977年2月—3月,柯里斯等人乘坐"阿尔文号"深潜器,24次下潜到该海域的海底断裂带附近,开展海水物理化学参数测量,采集海底热液喷泉口的热流样品和沉积物样品。当他们下潜到2500米深的洋底时,不仅看到从热液喷泉口中不断喷射出来的热液羽状流,还意外地发现热液喷泉口附近栖息着大量从未见过的奇异生物。加拉帕戈斯裂谷的海底热液生物群是人类第一次在大洋海底发现的热液生物群,是20世纪生物学和地球科学领域最重要的发现之一,引起了生物学家的极大关注。1979年,生物学家们再次搭乘"阿尔文号"在同一海域进行深潜考察,开始系统地进行海底热液生物群研究。

从1970年开始至今,人类陆续在世界各海域的近200个地点发现了热液口,其中,2012年2月22日,英国科学家搭乘"詹姆斯·库克号"科考船在对加勒比海海底考察时,发现的热液喷口——开曼海沟,是目前为止人类发现的最深的、温度最高的热液口。多年来,研究者从深海探测到室内实验,从宏观到微观,利用各种方法追踪海底热液生物这一特殊生物群,并借助不断发展的海底勘探技术进一步开展深入研究,更好地解释热液生物与生命起源、热液活动、板块构造等问题。

1979 年

厄尔穿常压潜水服下潜至381米深的海底

　　潜水活动起源于水下打捞、勘查、军事行动等作业需要。人类潜水能力的进步，依赖于潜水装备技术的发展。最初面临的技术障碍是为水下潜水员供应呼吸用的空气。为此，在16—18世纪，人们发明了一种叫做潜水钟的设备，这是一种无动力单人潜水运载器，其外形与钟罩相似，是一个底部开口的容器，其中充满了新鲜的空气，可以在短时间内为潜水人员供应氧气。现代潜水钟大多数已改为全封闭结构，外形也有很大改变，但仍沿用旧名。1828年，英国的工匠设计了一种带窗户的潜水头盔，可从水面上向头盔内供应空气，这种头盔成为现代潜水服的雏形。

　　是不是只要有足够的空气，人们就能在海底畅行无阻呢？答案是否定的。1840年，英国的工程师发现潜水员在超过18米的水下长期工作会导致减压病，人们这才意识到水下压力才是限制人类潜水深度的最大障碍。那么，什么是减压病呢？

　　当潜水员下潜时，随着水下压力的不断增加，身体所承受的压力也在不断增加。为了适应这种变化，潜水员必须吸入压强跟周围水压相等的压缩空气，吸入的气体随之增多。我们知道，除了氧气，空气中还含有大量的氮，所以这时有相当多的氧和氮溶解到潜水员的血液等组织中去。当潜水员从水中快速上升返回水面时，压强从几个大气压突然下降，氮气快速释放出来形成不溶解的气泡，聚积在身体组织中，引起肌肉、关节疼痛，如果中枢

潜水转运舱把潜水员从饱和潜水生活舱运到水下作业点Ⓦ

神经系统发生栓塞，人体就会出现麻痹，严重时甚至瘫痪或死亡，这就是减压病。

1878年，法国生理学家伯特发现了减压病的致病原理，并找到用缓慢减压来缓解潜水病的治疗方法，即根据潜入深度和水下停留时间，让潜水员在上浮过程中在不同水深处停留足够的时间，使气体可以慢慢地扩散出来，不致形成气泡，避免对潜水员造成伤害。不过，这种方法也只能帮助潜水员安全下潜到30多米的深度。

1908年，英国生理学家霍尔丹设计了能辅助潜水员下潜到60米以下水深的解压器械，以及供潜水员在上升过程参考操作的解压表。

不过，随着下潜深度增大，新的问题又产生了。空气中的氮气在高压下会使人产生"氮醉"症状，这种症状与喝醉酒出现的症状差不多，患者动作失调，失去控制能力，威胁潜水安全。因此在1930年代，一些生理学家提出使用惰性气体氦气制成氦氧混合气来替代氮氧混合气，以克服氮醉。但随着潜水深度增大，水下工作时间变长，潜水员返回水面前所需的减压时间也越来越久，严重影响了潜水作业的效率。1957年，美国生理学家邦德提出饱和潜水技术，即创造一种让潜水员在高气压条件下长时间暴露的环境，使其体液中所溶解的惰性气体达到完全饱和状态，然后进入高水压环境中进行数日乃至数十日的潜水作业，待作业任务完成后再一次性地减压出水。1962年，美国海洋工程学家林克在地中海进行了代号"人在海中"的系列潜水实验，成功下潜至水下约60米，验证了饱和潜水原理的可行性。同年，法国探险家库斯托在距林克实验海域约160千米的海上，成功完成了代号"大陆架-I"的系列饱和潜水实验，最大下潜深度达到180米。1988年，法国COMEX公司在地中海成功进行了氢氦氧混合气的饱和—巡回潜水实验，潜水员在534米深的海底有效完成了规定的作业任务。这是人类水下行走的最深纪录。

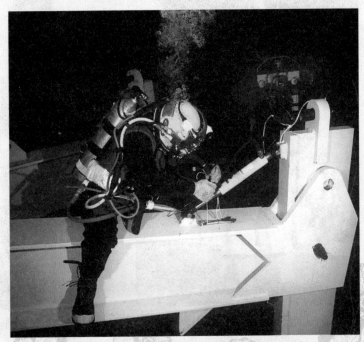

饱和潜水者在进行深海打捞作业Ⓦ

　　1969年,英国工程师发明了名为JIM Suit的常压潜水服,潜水服内保持1个大气压,可以在不使用氦氧混合气的情况下帮助潜水员下潜数百米。这种潜水服看上去像个笨重的机器人,采用全密封金属结构。潜水员穿上它,就像钻进了保护壳,可以抗住上百个大气压力,里面却是常压状态,完全不受水压的影响。1979年,美国女海洋学家厄尔使用JIM Suit潜水服成功下潜到夏威夷海域381米深的海底,并独立行走了两个半小时,创造了穿常压潜水服的最深潜水纪录。

　　目前,陈列在美国自然历史博物馆中名为Exosuit的铝制潜水服,高2米,重240千克,是目前最先进的"大气潜水系统"。它配备了4个1.6马力推进器来协助潜水员活动,潜水员在抗压服内可以借助活动关节在水下行走,翻越凹凸不平的水下障碍,还可以通过机械手使用特定的工具完成一些较复杂的工作。另外,它通过一个系链与水面上的船只相连,携带的电能和氧气可以保持潜水员在水下生存50小时,比先前的常压潜水服更加安全可靠。2014年夏天,科学家们就穿着这套铝制机械盔甲下潜到约304.8米的海底去收集和研究生物发光性的鱼类。

JIM Suit 常压潜水服Ⓦ

Exosuit铝制潜水服侧视图Ⓦ

1980 年
阿尔瓦雷茨父子提出恐龙灭绝的小行星撞击假说

化石记录显示,在大约6500万年前之后的地层中再也找不到曾经繁盛了将近2亿年的恐龙了,到底是什么原因让它们突然消失了? 很多学者根据自己掌握的证据,提出各自的假说来解释这一现象。

地质历史中生物大规模灭绝的现象虽然已毋庸置疑,但引起生物灭绝的原因则众说纷纭。1954年,德国著名古生物学家辛德瓦夫首先提出,超新星爆发可能引起地球上的生物灭绝。1956年,美国学者德·劳本菲尔在《恐龙灭绝:有一个假说》一文中首先把陨石撞击产生的"热空气"看成是恐龙灭绝的原因。1957年,苏联学者克拉索夫斯基进一步提出,超新星爆发使宇宙射线增加几十倍甚至几百倍,从而引起了中生代恐龙的灭绝。1973年,诺贝尔化学奖获得者哈罗德·尤里则在英国《自然》杂志上撰文称,彗星撞击地球可能导致了生物大规模的灭绝。美国古生物学家纽威尔则详细统计了动物界主要门类约2250个料的化石资料,发现地球上各门类动物发生了6次大规模的灭绝事件,这使原本不承认灾变的他认识到生物发展的历史中存在

行星撞击致恐龙灭绝想象图©

着"危机",灾变和渐变概念同样是有用的。

1980年,生物灾变领域的研究取得了重大的突破,诺贝尔物理学奖得主路易斯·阿尔瓦雷茨和他的儿子瓦尔特·阿尔瓦雷茨通过对环境中元素铱的测量,提出恐龙灭绝的小行星撞击假说,他们父子的合作堪称科学史上的一段佳话。

父亲路易斯·阿尔瓦雷茨曾长期从事实验物理研究。他最重要的工作是将探测基本粒子的气泡室做得很大,进而利用它测定和研究寿命极短的"共振粒子"。1968年,路易斯·阿尔瓦雷茨因发展了气泡技术和发现了许多基本粒子共振态而荣获诺贝尔物理学奖。

阿尔瓦雷茨父子采集岩层样品

瓦尔特·阿尔瓦雷茨是路易斯的长子,1940年生于美国加利福尼亚州伯克利。1962年,他于明尼苏达州卡尔顿学院获得地质学学士学位,1967年获得普林斯顿大学地质学博士学位。1970年代末,瓦尔特在意大利中部研究一个含有白垩系—古新统界线的峡谷岩壁时,在界线处发现一层黏土。为了弄清这层黏土是什么,是如何形成的,为何在其之下的地层中含有许多海生生物化石,但在其之上的地层却几乎

美国劳伦斯·伯克利实验室

没有见到化石存在,瓦尔特向父亲求助。路易斯与核化学家弗兰克·阿萨罗和海伦·米歇尔利用劳伦斯·伯克利实验室的精密仪器,运用多种方法,经过几周的测试发现,黏土中含有极高浓度的稀有元素铱。铱是一种铂族过渡元素,在一般海洋沉积物中含量是很低的,但在地核、陨石及宇宙尘中的含量较高。为了进一步查明样品中铱元素的性质和来源,瓦尔特等人对意大利古比奥等几个白垩系—古新统界线上的岩层进行采样测定,界线黏土层中铱含量仍然很高,比界线上下地层的平均含量几乎高30倍以上。

为了解释这种铱异常现象,路易斯等曾提出多种假设,最后认为只有外星体撞击地球说的解释才比较合理。经过几个月的努力,路易斯等终于提出了小行星撞击地球导致白垩纪末期恐龙灭绝的观点。他们用不同方法估算出小行星的直径大约为10千米,其撞击地球时造成了一场含有足够数量的浓缩铱的尘雨,撞击作用约使相当于外星体60倍的粉尘溅入大气,产生浓密的尘埃遮天蔽日,使地表气温骤降,植物光合作用被迫停止,从而造成生物界发生大规模灭绝。恐龙就是在这种饥饿、寒冷和黑暗的环境中走向不归之路的。

他们的研究成果发表后,在学术界引起了极大的争论。之后,在世界许多地方相同的地层都发现了铱异常。在路易斯去世后,地质学家在墨西哥湾发现了一个巨大的撞击坑——希克苏鲁伯陨石坑,其平均直径为180千米,相当于100万亿吨黄色炸药引爆的结果。支持这一理论的证据越来越多,也越来越充分。至今大部分科学家都认同这个说法,认为发生在6500万年前包含恐龙在内的75%的地球生物灭绝事件,是地外天体撞击地球造成的。

墨西哥尤卡坦半岛上的希克苏鲁伯陨石坑©

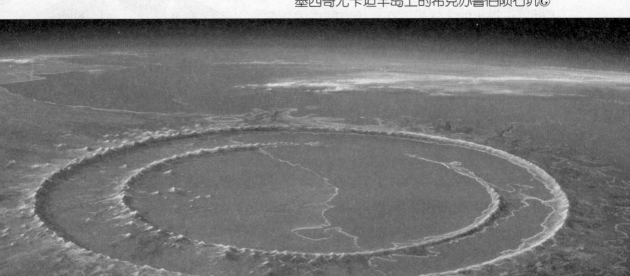

1981年
霍西金斯和卡卢里成功解释大气环流的遥相关现象

1930年代末，瑞典裔美国气象学家罗斯贝创立大气长波动力学理论，1940年代末，中国气象学家叶笃正又提出大气长波频散理论，从而奠定了大气长波动力学的基础。但此后30多年中，气象学家对大气长波能量传播的研究一直停留在一维空间范围内，即只研究了大气长波的能量在东西方向上的传播，而没有进一步研究其在东西和南北方向上的二维空间中的传播。

自1970年代开始，气象学家通过实验研究大气环流时发现，大气对像青藏高原这样的地形强迫做出响应时，通常会在地形的下游产生具有南北方向上的波动响应，这种响应与叶笃正提出的东西方向上大气长波的频散具有一定的相似性，但不限于东西方向上。几乎在同一时期，美国气象学家华莱士等提出了大气中的遥相关型，指出某一地区气象要素的变化与其他（相邻或不相邻）地区气象要素的变化之间存在联系，而且这些地区很多并不处在同一纬度上。

为了解释这些观测和实验中发现的现象，1981年，英国雷丁大学的气象学家霍西金斯和他的来自澳大利亚的博士生卡卢里通过实验和严格的数学推导，利用二维频散理论得出球面（地球表面）上大气长波能量传播的路径方程，成功解释了大气环流的遥相关现象，同时推广了叶笃正提出的大气长波在一维空间中的频散理论。

霍西金斯和卡卢里的这一成果堪称气象学发展史中的一个重要里程碑。由于这一重要理论贡献及其他重要成果，霍西金斯于1988年被美国气象学会授予最高学术成就奖——罗斯贝奖。

霍西金斯⑤

此外，霍西金斯教授对于中国也有着深厚的感情，曾多次应邀到我国进行学术交流，先后访问过我国多所大学和研究所，并积极推动中英双边大气科学协作项目，并于2002年当选为中国科学院外籍院士。

1985—2003 年
"大洋钻探计划"实施

当"深海钻探计划"(DSDP)进入最后阶段时,为了使深海钻探研究工作得以继续,地球深层取样联合海洋机构(JOIDES)于1981年在美国召开国际大洋钻探科学会议,讨论并制订一项新的、更长期的国际性大洋钻探计划。

1983年,美国得克萨斯农工大学提出"大洋钻探计划"(ODP)。JOIDES作为学术领导机构,得克萨斯农工大学作为执行和实施机构,哥伦比亚大学拉蒙特地质研究所负责测井工作,并将一艘石油钻探船改装为大洋钻探船,命名为"乔迪斯·决心号",用于执行大洋钻探任务。

"乔迪斯·决心号"长143米,宽21米,钻塔高61米,排水量16 862吨,钻探能力为9510米,可钻探最大水深8235米。该船具有先进的动力定位系统、重返钻孔技术和升沉补偿系统,可在暴风巨浪条件下进行深海钻探作业。

"乔迪斯·决心号"大洋钻探船Ⓦ

ODP由美国科学基金会和其他22个成员国共同资助,从1985年1月开始实施,2003年结束。18年间,ODP共实施110个航次,钻探孔位597个,钻取岩芯累计长达215千米,钻探深度达到海底以下2111米。

ODP与其前身DSDP一起,构成了地球科学发展史上规模最大、持续时间最长、影响最为深远的国际合作计划。ODP的成功实施,揭示了地球洋壳结构和海底高原的形成机制,分析了汇聚于大陆边缘的深部流体的作用,发现了海底深部生物圈和

汪品先院士◎

天然气水合物,证实了全球气候演变的轨道周期理论和突变事件对地球环境的重要影响,使古海洋学作为一门新兴学科得到快速的发展。

中国于1998年4月正式加入ODP,在井位调查工作组和科学指导与评估工作组拥有投票权,每年派两名科学家参加钻探船科学小组,并可获取大洋钻探计划所取得的资料及研究用岩芯。1999年初,由我国地质海洋学家、同济大学教授、中国科学院院士汪品先等人提出的课题"东亚季风历史在南海的记录及其对全球气候影响",作为ODP第184航次任务,在中国南海开始实施。从1999年2月16日—4月12日,"乔迪斯·决心号"大洋钻探船在水深两三千米的南海海域的6个深水站位完成17口钻孔,连续取岩芯5500米,岩芯采取率达95%,超额完成了预定目标。随后,经过对航次样品和数据的整理分析,取得数十万个高质量的古生物学、地球化学、沉积学数据。南海大洋钻探项目的成功实施,揭示了3000万年以来南海海盆扩张的历史,在不同时间尺度上建立了西太平洋区迄今最佳的深海地层剖面,揭示了气候周期演变中热带碳循环的作用,获得了东亚季风演变的深海记录。作为中国海的首次大洋钻探,第184航次是根据中国学者的思路、在中国学者主持下实现的,是我国地球科学界的一大成果,标志着我国在这一领域的研究已跻身国际先进行列。

1985 年
法曼发现臭氧空洞

1957 年，作为英国南极考察队的一员，剑桥大学的法曼首次被派往南极哈雷湾观测站。法曼的任务之一就是测量大气中的臭氧含量。臭氧是大气中的微量气体之一，能吸收太阳光中的紫外线，主要集中在平流层，在离地 20—25 千米的高空中浓度最高，因而在此形成了臭氧层。法曼使用多布森分光光度计，主要是通过测量到达地面的紫外辐射来间接反映大气中的臭氧含量。此后每年，法曼都要到南极去开展考察与观测。

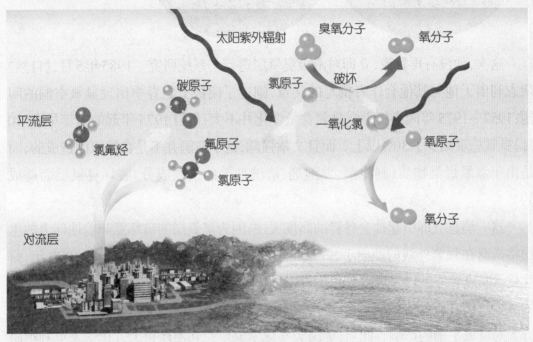

臭氧层破坏过程©

1981 年春季（北半球为秋季），法曼等人根据获得的观测数据发现南极上空的臭氧层面积较过去小了很多。会不会是数据测量有误？法曼等人一开始对这些数据持怀疑态度，同时也提高了警觉。在随后的几年中，他们测得的数据显示了同样的结果。1984 年 10 月，观测数据显示，南极上空的臭氧层面积比平均水平减少了40%，而且空洞面积已经扩大到了南美洲南端的火地岛。法曼意识到问题的严重性，他重新查验了过去的数据，发现臭氧层面积减少实际上大约从 1970 年代中期就已开始了。

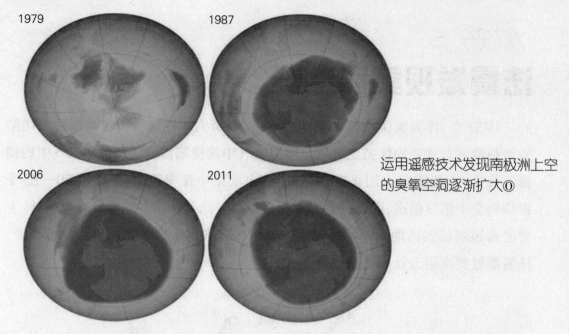

1979　　　　　　　　1987

2006　　　　　　　　2011

运用遥感技术发现南极洲上空的臭氧空洞逐渐扩大①

这次，他没有再犹豫，立即对南极臭氧层进行了系统研究。1985年5月，《自然》杂志刊出了他与其他合作者撰写的文章，阐述了南极上空春季出现臭氧空洞的问题：1957—1975年间南极上空臭氧含量变化并不大，但自1975年起的每年早春(10月)臭氧总量减少了30%以上。而且文章强调，这个空洞并不是自然原因造成的，而是由于氯氟烃类物质(制冷剂、发泡剂、清洗剂等的主要成分)破坏臭氧层而造成的。

这一消息立即引起社会各界的高度关注，因为臭氧层的破坏意味着地球上的生物将暴露在强紫外线的照射下，并且严重威胁人类的健康。其实，早在1970年，荷兰化学家克鲁岑就已发现氮氧化物可以催化臭氧转变为氧，加速大气层中臭氧含量的减少。但在克鲁岑的研究中，氮氧化物来源于土壤中微生物的代谢，属于自然界行为对臭氧平衡的影响。此后，美国大气化学家罗兰和墨西哥大气化学家莫利纳研究了人工合成化学物质对臭氧平衡的影响。1974年，他们发现氯原子能够像氮氧化物一样催化破坏臭氧层，同年他们在《自然》杂志上发表了论文，论述了人造氯氟烃对臭氧的破坏机制。

但是这三位科学家对影响臭氧平衡因素的研究在当时并未引起足够重视，直到法曼发现臭氧空洞。为了保护生态环境，1987年9月16日，在加拿大的蒙特利尔，联合国环境署召开会议，通过了《关于消耗臭氧层物质的蒙特利尔议定书》，以控制氯氟烃类物质对臭氧层的损害。1995年1月23日，联合国大会通过决议，确定从1995年开始，每年的9月16日为国际保护臭氧层日，以行动纪念这一特殊的日子。

1987年
国际地圈一生物圈计划开始实施

近年来，无数科学研究都显示全球气候正在不断变暖。然而，你知道吗，全球变暖所带来的后果绝不仅仅是使大气温度升高，更严重的是随之而来的生物生存、水资源和人类生存发展受到威胁等的一系列问题。

根据科学家的研究，全球气候变暖已引发各种气候变化异象，比如超强龙卷风、常态化干旱、海平面上升等；气候变化会影响大米、小麦等粮食和农作物生产。气象学家和动物学家也十分担忧气候变暖导致动物进化失去规则，许多鸟类种群数量下降，珊瑚停止生长，有的动物濒临灭绝，而有的动物种群将扩大；气候变暖会导致海平面上升，南极为数不多的低地将被海水淹没，这些土地历来是企鹅繁衍生

南极大陆上的一座冰川▽

息的地方，这对企鹅来说就是灭顶之灾。可见，仅仅是某一种环境问题，其所带来的将是对整个地球的威胁。

除此以外，当前人类还面临的一系列重大全球变化问题，如酸雨、臭氧层空洞、土地沙漠化等，都涉及地球系统的主要分量即大气圈、水圈、岩石圈和生物圈之间的相互作用，远远超出传统的、单一的学科界限。因此我们必须把各分量看成是一个系统，从整体角度进行全球变化的研究，探索各分量的相互关系和相互作用，才能增进人们对地球变化的认识，从根本上解决全球气候变化问题。

全球变化的思想最早是由国际大地测量与地球物理学会前主席加兰1982年在国际科联的第19届会议上提出的。随后1983年8月召开了全球变化讨论会，会上正式建议国际科联组织学科间计划。1985年10月正式提出了国际地圈—生物圈计划，并于1986年国际科联第21届大会上通过。

大气圈

水圈

生物圈

岩石圈

地球各圈层①

　　那么,究竟什么是国际地圈—生物圈计划呢? 国际地圈—生物圈计划(International Geosphere-Biosphere Program),简称IGBP,其科学目标主要集中在研究主导整个地球系统的相互作用的物理、化学和生物学过程,特别着重研究那些时间尺度约为几十年到几百年,对人类活动最为敏感的相互作用过程和重大变化。计划的最终目标是提高人类对重大全球变化的预测能力。

　　IGBP共由8个核心研究计划和3个支撑计划组成。8个核心研究计划分别为:国际全球大气化学计划(IGAC)、全球海洋通量联合研究计划(JGOFS)、过去的全球变化研究计划(PAGES)、全球变化与陆地生态系统(GCTE)、水文循环的生物学方面(BAHC)、海岸带的海陆相互作用(LOICZ)、全球海洋生态系统动力学(GLOBEC)和

炼油厂排出的二氧化硫是形成酸雨的主要
有害物质之一⓪

被酸雨腐蚀的雕塑⓪

土地利用与土地覆盖变化(LUCC)。3个支撑计划分别为:全球分析、解释与建模 (GAIM),全球变化分析、研究和培训系统(START),以及IGBP数据与信息系统 (IGBP-DIS)。

IGBP第一阶段任务已于2003年结束,并出版了一套全面系统地集成IGBP和相关研究成果的系列专著。这些研究成果提高了人类对地球系统的系统性行为的认识,对地球系统在不同时间尺度上的可变性进行了量化,对生物圈在地球系统运行中的重要作用进行了理论阐述,对人类影响地球系统的变化程度进行了更为清晰的描述。从2004年开始,IGBP的研究工作进入第二阶段。

对IGBP,我国科学家也积极参与合作研究,而且还根据本国的优势,对全球变化的许多问题进行了深入的探讨,并取得了显著的成绩。其发展大致经历3个阶段:

(1)1986—1990年,这是中国IGBP研究的初期,主要围绕古环境、气候和海平面变化以及地气相互作用方面等问题开展有计划、有组织的研究。

(2)1991—1995年,中国全球变化研究有了较大发展,研究范围扩展到陆地生态系统,全球气候变化预测、影响和对策,中国生存环境变化以及生物多样性保护和持续利用等领域。

(3)1996—2000年,进一步与社会可持续发展相结合,成功实施了一批中国科学家领衔的国际研究计划,为国际全球变化研究作出了显著贡献。中国也因此被誉为世界上对"国际海洋—大气耦合响应实验"贡献最大的两个国家之一。

1987 年
哈克发表第二代海平面相对变化曲线

我们经常在电视、广播和网络中了解到有关全球气候变暖引起海平面上升的新闻报道。目前,有越来越多的科研人员投身于海平面变化的研究中,希望通过海平面的变化来研究全球气候变化趋势。早在 1965 年,当时在埃克森(Exxon)石油公司工作的美国地质学家韦尔就绘制出了第一代全球海平面相对变化曲线。

北极熊的繁殖和栖息地正逐渐消失Ⓨ

那么,什么是全球海平面相对变化曲线呢?首先,我们要弄清楚学术界是怎样定义海平面的。一般来说,海平面是指海的平均高度,指在某一时刻假设没有潮汐、波浪、海涌或其他扰动因素引起海面波动的情况下,海洋所能保持的水平面的高度,即海的平均高度。所以,全球海平面相对变化曲线就是反映全球海平面在地球各历史时期高度变化的一条曲线。

韦尔认为全球海平面的变化是由地球历史上的构造运动以及气候变化等综合因素引起的,因此全球海平面的变化可以用来反映地球地质演化的历史。

在这之前我们已经了解到,地层同样能反映地球演变历史。地层层序是相对整合的、在成因上相互联系的地层由老到新或由新到老的排列顺序。尽管对于地层层序的基本认识早在 18 世纪晚期就已出现,但直到 1948 年,韦尔的老师——美国地质学家斯洛斯才明确提出层序的概念,将其定义为"主要大地构造旋回的地质记录",并以层序不整合为界,将北美克拉通的显生宙地层划分为6个层。

如前所述,韦尔绘制了第一代全球海平面相对变化曲线并提出地震地层学的基本原理,成功解决了北海盆地的中生代地层划分,引起了石油地质学界的重视。1977年,美国石油地质学家学会出版了《地震地层学在油气勘探中的应用》丛书,对地震地层学进行了全面分析。其中,韦尔等人提出按照全球海平面变化以及在海平面变化过程中形成的等势面来划分地层层序的思想,明确指出全球海平面变化是层序演化的驱动力,是控制陆地相对高度和沉积环境、沉积特征及沉积构造空间格局的基本因素。韦尔等人提出的"大多数地表地质学家普遍见到的旋回性沉积作用基本上或完全受全球海平面升降变化的控制"的思想,奠定了层序地层学的理论基础。

1980年代初,以韦尔为首的埃克森石油公司的地质学家们相继发表论文,对层序地层学的概念和理论框架进一步进行充实和分析。1987年,美国海洋地质学家哈克等在《科学》杂志上发表论文《三叠纪以来海平面变化年代学》,提出第二代海平面相对变化曲线,系统地阐述了层序地层学的基本理论与概念,标志着层序地层学理论已发展成熟。

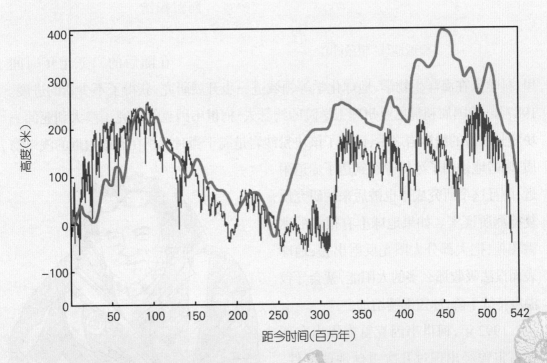

红线为5亿年来海平面的变化曲线,蓝线为哈克等提出的第二代海平面相对变化曲线①

1998 年

霍夫曼重新论证"雪球假说"

"雪球地球"想象图©

"雪球地球"是地球历史上的一个极端低温事件，指距今约8亿到5.6亿年前（新元古宙），地球表面的水从两极到赤道几乎全部结成冰，只有海底残留了少量液态水。1964年，剑桥大学的地质学家哈兰德最早对全球范围内新元古宙的冰期沉积物做了研究，他提出在全世界各个大洲都有这一时期的冰期沉积物。

在随后的二三十年时间里，科学家在海洋生物学、地球化学等领域进一步开展研究，获得了不少新的进展。1987年，美国加利福尼亚州理工学院的约瑟夫·柯世韦因克等研究了澳大利亚的一块新元古宙的粉沙岩之后，证实了该块粉沙岩是属于当时沉积在赤道附近的浅海物质，确凿地说明了冰川曾经到达了赤道附近，而且这个研究成果也被后来的研究反复检测所证实。如果地球上有很多的冰雪覆盖，把大部分太阳光反射出去，地球表面没法吸收那么多的太阳能，就会导致温度持续下降，冰雪继续增加。

1992年，柯世韦因克首先提出在新元古宙曾经出现过几次雪球地球事件。可以想象，赤道附近都结冰了，然后海平面下降，导致了陆地面积增加，而陆地增

约瑟夫·柯世韦因克⑤

地球升温,坚冰开始融化◎

加进一步增加了地球表面对于太阳光的反射;同时,热带地区大陆面积增加,这导致硅酸岩风化的速度加快,进而有利于大气中的二氧化碳的埋藏,加强了冰室效应。这两个因素的不断影响,使地球不断变冷,从而形成一个雪球。在形成雪球之后,因为地球的火山作用,不断释放出二氧化碳等温室气体,经过长期积累,这些气体终于足够强大,产生了巨大的温室效应,地球温度升高,所以又融化了。

在前人研究的基础上,哈佛大学的霍夫曼等人进一步发展了雪球地球假说。7.7亿年以前,一大块陆地分解成小块陆地,分散在赤道附近。从前,四周都是陆地的地区如今离海洋水源更近了。日益增加的降雨会更快地腐蚀陆地岩石,并将吸热性的二氧化碳冲洗出空气。结果全球温度下降,极地海洋形成大块浮冰。白色的冰反射的太阳能多于较暗淡的海水,从而使温度更低。这种反馈循环引发了一场不可停止的冷却效应,它在1000年内使地球被冰雪掩盖。在失控的冰冻状态开始后不久,全球的平均温度降至-50℃。结冰海洋中冰块的平均厚度超过1000米,只有从地球内部缓慢散发出来的热量抑制着继续冻结。大多数肉眼看不见的海洋生物死亡,但仍有一些生物因为生活在火山温泉附近而保住了性命。寒冷干燥的空气阻碍了陆

霍夫曼背后的岩层代表6亿年前雪球地球状态的突然终结①

地冰川的生长,形成了巨大的沙漠。由于没有降雨,从火山喷射出的二氧化碳没有移出大气。随着二氧化碳的积累,地球变暖,海洋冰块慢慢变薄。通常火山活动进行了1000万年后,大气中二氧化碳的浓度增加1000倍。不断发生的温室效应把赤道处的温度拉升到冰雪的融点。随着地球继续变暖,赤道附近海水蒸发产生水汽,在海拔更高的地方重新冻结,成为陆地冰川的一部分。最后在热带地区形成的未冰冻的水吸收更多的太阳能,开始使全球温度有更快速的增加。大约在若干个世纪之后,一个酷热湿润的世界取代深度冰冻的地球。随着热带海洋解冻,海水蒸发并与二氧化碳共同作用,产生更加剧烈的温室效应。地球表面温度骤升到50℃以上,造成剧烈的蒸发降雨循环。含碳酸的倾盆大雨腐蚀着随冰川消退而留下的岩石碎片,涨水的河流把碳酸氢盐和其他离子冲入海洋,在那里形成厚层的碳酸盐沉淀。沿纳米比亚"骨架海岸"的海岸线的悬崖峭壁为雪球地球假说提供了一些最佳证据。

雪球地球假说成功地解释了很多地质现象。比如,在新元古宙冰期沉积物中,广泛地出现一种叫做"条带状磁铁矿"的铁矿层。雪球地球事件结束后,当全球气候恢复正常时,新的生命形式——由漫长的遗传隔离和选择压力而产生——开始在地球上聚居,出现了地球生物史上的"生命大爆发",这为地球环境变化对生命演化的影响提供了新的研究方向。

2003—2013 年
"综合大洋钻探计划"实施

IODP徽标①

2003 年后,大洋钻探计划开始转入新阶段——综合大洋钻探计划(IODP),掀起了又一个深海研究的新高潮。该计划的目标可谓雄心勃勃:以地球系统科学思想为指导,计划打穿大洋地壳,揭示地震发生机理,查明海底深部生物圈的环境状况以及天然气水合物的形成和储藏机制,理解极端气候和快速气候变化的过程,为新世纪地球系统科学的发展提供研究平台,同时为深海新资源勘探与开发、环境预测及防震减灾等应用研究目标服务。

进入IODP,钻探船由实施大洋钻探计划时的一艘增加到两艘以上;钻探范围扩大到全球所有海区(包括陆架浅海和极地海区);研究领域从地球科学扩大到生命科学;研究手段从钻探扩大到了海底深部观测网和井下试验。经多年观测,科学家们已经揭示了厄尔尼诺的成因,为预测厄尔尼诺创造了条件。

IODP的长远规划确定的宏伟目标意义重大,但实现这些目标所需要的费用和所要承担的风险是巨大的。为了使有限的费用能够取得最大的学术成果,IODP研究成员近年来还与其他一些国际学术组织或合作项目建立了密切的联系,通过设立"共同合作研究项目"等形式,一方面增加了资金来源渠道,另一方面也使其他学术组织得到了只有IODP钻探船才能取得的数据和岩芯。科学研究总是任重而道远,IODP在科研的道路上还有很长的路要走。

执行考察任务的日本"地球号"(HIKYU)深海钻探船⑩